U0326388

Super Brain

1. 电视剧《今生今世》（1995版）剧照，秦守业（陈俊生饰）
2. 电视剧《今生今世》（1995版）剧照，秦守业（陈俊生饰）
3. 电视剧《今生今世》（1995版）剧照，秦守业（陈俊生饰）与秦守成（孙兴饰）
4. 电视剧《今生今世》（1995版）剧照，秦守业（陈俊生饰）与田晓晴（周海媚饰）
5. 电视剧《今生今世》（1995版）剧照，右起：秦守业（陈俊生饰）、秦父秦啸天（岳跃利饰）、秦母赖素娟（马之秦饰）、小妹秦安琪（陈红饰）、大哥秦守成（孙兴饰）

6. 电视剧《绝代双骄》（1999版）剧照，江枫（陈俊生饰）
7. 电视剧《绝代双骄》（1999版）剧照，江枫（陈俊生饰）与月奴（萧蔷饰）
8. 电视剧《白发魔女》（1999版）剧照，慕容冲（陈俊生饰）

9. 电视剧《凡人杨大头》（2003版）剧照，秦歌（陈俊生饰）
10. 2009年，陈俊生模特照
11. 2003年，指导著名演员李小璐背剧本

12. 2005年，《快速记忆训练手册》新书发布会

13. 2005年，快速记忆电视教学节目

14. 2010年，71快速记忆学校高雄校区授课中

15. 2013年，为舞台服装模特专业学生做指导

16. 2013年，潜水训练中

Super Brain

Super Brain

最强大脑

陈俊生快速记忆训练手册

陈俊生◎著

图书在版编目（CIP）数据

最强大脑：陈俊生快速记忆训练手册 / 陈俊生著．—北京：北京大学出版社，2014.4
ISBN 978-7-301-23865-3

Ⅰ．①最…　Ⅱ．①陈…　Ⅲ．①记忆术　Ⅳ．①B842.3

中国版本图书馆 CIP 数据核字（2014）第 020485 号

书　　名：**最强大脑——陈俊生快速记忆训练手册**
著作责任者：陈俊生　著
责 任 编 辑：宋智广　王业云
标 准 书 号：ISBN 978-7-301-23865-3/G・3792
出 版 发 行：北京大学出版社
地　　址：北京市海淀区成府路205号　100871
网　　址：http://www.pup.cn　　新浪官方微博：@北京大学出版社
电 子 信 箱：rz82632355@163.com
电　　话：邮购部62752015　　发行部62750672
　　　　　编辑部82632355　　出版部62754962
印　刷　者：北京联兴盛业印刷股份有限公司
经　销　者：新华书店
787毫米×1092毫米　16开本　12.75印张　2彩插　135千字
2014年4月第1版　2017年11月第10次印刷
定　　价：35.00元

未经许可，不得以任何方式复制或抄袭本书之部分或全部内容。

版权所有，侵权必究

举报电话：010－62752024　电子信箱：fd@pup.pku.edu.cn

自序

效率提升 7 倍的学习方法

浩瀚的大海，如果不会游泳就跳下去，只能毫无章法地挣扎，费力而缓慢地前进，不一会儿就筋疲力尽地沉下去。如果你刚好会游泳，想要速度快，就游讲求速度的自由式；想游远一点，蛙式可以省力行进；想轻松地游，可以游仰式；想要帅，用蝶式。如果对于各种泳技你都能轻松上手，那你绝对可以徜徉在大海中，做一个水中蛟龙。

知识就像大海般广阔无边，不会念书的人跳下去，不是很快放弃，就是花了很多力气，却徒劳无功，抑或是进步缓慢，失去斗志。懂技术的人——要记得快，有记得快的方法；要记得轻松，有记得轻松的方法；要记得久，有记得久的方法——快乐地沉浸在知识的大海中，想去哪就去哪。而掌握知识的关键技术就是——“快速记忆”。

我从事快速记忆的教学已经 14 年了，最常来找我们的，大部分是中高年级小学生以及初中生、高中生、大学生，还有社会上需要参加特定考试的人或是学习外语的人。14 年来，我们教的学生接近五六万人了。

大部分的学生来找我们的时候，都有一个共同的现象，就是拿到课本或者资料不知道从何念起，也就是他们没有一个标准的读书流程。我们做任何事情都要有一个流程，比如说做菜，先要去买菜，买完菜洗菜，洗完菜切菜，切完菜热锅，热过锅之后炒或者煮、蒸、炸。也就是说，每件事情都有一个特定的标准流程，开车要先开车门，接着发动引擎，然后放手刹车，这些都是标准流程。但是念书这件事情的流程，大部分人没有头绪。

我给大家一个明确的建议，学习的流程就是这样六个步骤：理解→简化→图像化编码→记→忆→制图。下面就这六个步骤来一一解释。

拿到一本学习资料，首先你一定要把它看懂，看懂就是理解。理解一件事情是比较轻松的，其实在课堂上老师的作用就是教我们理解课本上的内容。也就是说，如果学习的目的是记住课本的内容，而你对内容不理解的话，那记住是没有任何意义的。所以我们在上课之前，最好能够课前先预习，预习好了再上课，就比较容易融入老师讲解的气氛当中。

理解了课本之后并不要急着去记忆，因为理解跟记忆是两回事。把内容读通之后如果能够记得，那叫作理解式记忆，就不需要再花力气去记了；如果读通之后却记不住，主要的原因是资料太多或者太复杂，这个时候才需要快速记忆来帮忙。

也就是说，快速记忆在使用的过程当中，它是一个辅助性的角色。当我们看完了资料，也记住了，就不需要用到快速记忆。可是如果你要记古代帝王的先后次序，或者是什么年代发生了什么历史事件，或者是化学方程式，这些事情因为太复杂了，跟你的生活经验无关，所以你无法记得住，这时候就要靠快速记忆来帮忙了。

第二个步骤是简化。综合观之，大部分课本的内容都是有 20% 的重点和 80% 的铺衬。所以把资料简化，把重点抓出来，是念书的第二件非常重要的工作。也就像把一棵树的树枝、树叶砍掉，剩下主干才能拿来运用，制造房屋或造船修路。任何可用的木材都是先把旁枝末节去掉，留下重点。

接下来就是第三步，把课本的重点内容做一个图像化编码。所谓图像化编码，就是把一大部分抽象的资料，经过技术性的移转，做一些拆解跟重新排列组合，变成一个全新的图像化的个体，而利用这个全新的个体去抓住原本复杂的资料，将会是一件很容易的事情。

这要怎么解释呢？就像我们手上如果有30个肉粽，你直接去抓肉粽，两只手抱着，很容易丢三落四的。可是你要抓住肉粽上的线头，一只手就可以掌握三五十条线。

我来举个例子，比如说我们最新流行的“金砖五国”——BRICS。它本身是一个经济学家提出的概念，代表五个国家：B是巴西，R是俄罗斯，I是印度，C是中国，S是南非。如果我们不去利用一个单词来记这五个国家，就要硬把这五个国家背下来，而且每次在提及的时候都要把五个国家全部列举出来，那是很浪费时间而且很占版面的。如果我们把它编码成为一个“金砖”，陈述这五国相关事实的时候就很简单了。

第四个步骤是记。记的含义就是要把我们刚才所编出来的具体形状，画在我们的草稿纸上。画的过程中你必须要花点精力，让它成为一个作品，而不是一个随手的涂鸦，它可以是有颜色的，有形状的，甚至它在想象当中可以是动态的。如果你多用一种颜色，你的记忆效果会增进10%。

第五个步骤是回忆。回忆时要把原始资料遮住，你光看着你创造出来的那个形象，看你能不能回忆出原始资料的内容。如果你可以回忆出来，代表你已经完成了记忆过程。所谓的记忆就是input跟output，如果你可以把资料放进你的头脑里面，要用的时候随时都能拿出来，那代表你已经完成了一个很合理而且是很完美的记忆流程。

最后一个步骤是把所有的图像或者介质整理成一张三维的思路图。当你把所有的资料和图像整理在一页草稿纸上的时候，你可以对所记的内容一目了然。也就是说，好几十页的课文资料可以整理在一张草稿纸上，而它出现的方式是一些具体的图像。经由这些图像，你就可以回想出资料的原始内容。

这六个流程经过不断练习之后，会成为一种非常有效率的学习方式，而这种学习方式就是你可以遵循的标准流程。

经过对这个标准流程的分析，我们可以看出，提高学习效率的关键就是提高记忆的效率。这就要用到快速记忆的技巧了。

任何学习都可以分为读通→理解→背诵三个层次。快速记忆的神奇效力就是，能把从“读通、理解”到“背诵”这个过程所用的时间，做一个大幅度的压缩。这个压缩的量是用“倍数”来计算的。这就是快速记忆的高效率。

传统记忆方法，如果从理解到背熟要花十个小时，过一个礼拜他一定会忘掉，然后要再花五个小时的时间复习。过了一个月，还是要三个小时才能复习到原来所知的量。

这样去计算传统的记忆方式还只是一般的情况，你可以想想看，每天要记的事情那么多，每天要读的书那么多，你有那么多的时间可以每一件事、每一个科目都花上这么多时间吗?

相较之下，快速记忆大概可以把原本从理解到背熟需要花费的十个小时，压缩到大约两个小时。当然你还是会忘记，可是，一个礼拜之后你只要花二十分钟来提醒，过一个月你只要花十五分钟来提醒自己。

所以计算一下，“传统记忆”是 10 小时 +5 小时 +3 小时 =18 小时 = 1080 分钟，而“快速记忆”却是 2 小时 +20 分钟 +15 分钟 =2 小时 35 分钟 =155 分钟。所以它的节省在于把理解到背熟之间的时间大幅压缩。

而这两者的比较中，最难能可贵的是，你可以节省复习时间。在学习的时间过了之后，你只要花很短的时间，就可以很轻松地勾起记忆。总的来说，快速记忆可以**节省 86% 的学习时间，使学习效率至少提升 7 倍**。这就是快速记忆的优势。

有一次在电视节目当中，我展现了一套记中国地图的方法，很多人都大吃一惊：原来中国地图可以在 15 秒之内全部记下来！

当然，在我小时候，背中国地图背得头昏脑胀的，什么省份在什么位置根本搞不太清楚。更何况从台湾来看整个大陆的省份，对我们来讲非常复杂。结果我利用一个快速记忆的技巧，让所有人在 15 秒钟之内记住中国地图。是什么技巧呢？

我们来看一下中国地图。

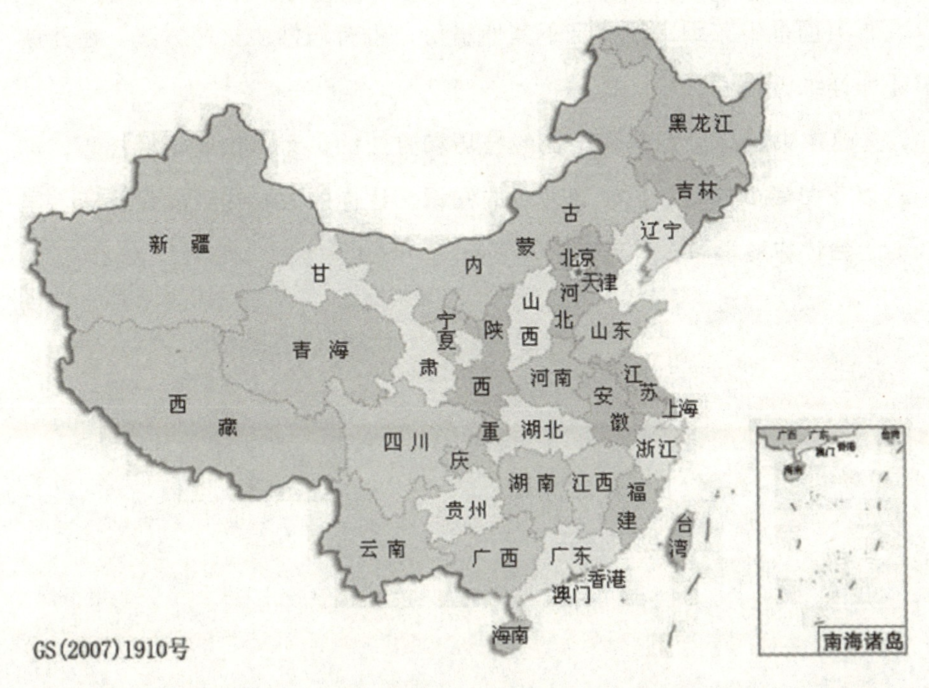

中国省区图（信息来源：国家测绘地理信息局官网 www.sbsm.gov.cn/article/zxbs/dtfw/）

中国地图从右边开始，沿海省份，浙江、福建、广东、广西、贵州、四川，我们在每个省份各圈一个字，浙、建、东、西、贵、四，四川的“四”后边加一个语尾助词“了”。我们把这些圈起来的字念一遍，你发现这是一个句子——“这件东西贵死了”（谐音）。现在国内的物价非常高，什么东西一看都是非常惊人的价钱，你就会对这句话有一种很认同的感觉：这件东西贵死了。然后，在广东、广西的中间往上延伸是四个省份——湖南、湖北、河南、河北，我们再把它画一条线，这就会有一条垂直的线产生，那就是南北南北、湖湖河河，因为湖比河重，所以湖在下面，南在下，北在上。垂直线最上面，右边跟左边各是山东跟山西，再画一条横线贯穿最上面，这样整体上看起来像是一个船锚，船锚锁住了中国的十二个省份：南边是浙建东西贵四了，中间是湖南湖北河南河北，上面是山东跟山西。至于其他省份，也有巧妙的记忆方法，在此就不作详细讨论了。

这本书就是介绍快速记忆的技巧和方法的。运用快速记忆技巧，你可以花费最少的时间，学到最多的知识，让你的大脑达到最强状态，同时也会让你对学习、对未来充满信心。

目录

第一章

快速记忆助我成功 / 1

一、我的“最强大脑”秀 / 3

超强记忆引来媒体关注 / 3

记忆力表演刷新收视率 / 4

在《最强大脑》中的惊险体验 / 6

二、快速记忆帮我提升表演境界 / 8

发现快速记忆法 / 8

演员三阶段 / 8

用快速记忆法来背台词 / 9

虚拟与排练的记忆方式 / 10

节省背台词的时间与精力 / 12

牛刀小试 1 / 13

三、成功开发快速记忆课程 / 15

快速记忆法的引进与推广 / 15

一个实用课程的开启 / 16

“前卫”的思考方法 / 16

实际效果最重要 / 17

表达出快速记忆的精神 / 19

牛刀小试 2 / 19

第二章

快速记忆就是科学用脑 / 21

一、快速记忆的神奇效率 / 23

记忆力不好还有救吗 / 23
快速记忆与速读的不同 / 24
过度学习的乏味与低效 / 25
快速记忆的速效与神效 / 25

二、认识你的记忆 / 28

一切知识，不过是记忆而已 / 28
一个庞大的记忆库 / 29
健忘——生活中无法忽略的烦恼 / 30
学校没有教的事 / 30
给自己一个不再遗憾的机会 / 31

三、如何形成长期记忆 / 33

短期记忆有多短 / 33
短期记忆与长期记忆成正比 / 35
长期记忆，永志不忘 / 36
遗忘不是消失 / 37
借助环境的力量唤起记忆 / 39
牛刀小试 3 / 40

四、快速记忆原理 / 42

记忆，来自源源不断的创造力 / 42
创造深刻印象，强化记忆 / 43
让学习换挡 / 44
多感官思考 / 45

学习方法决定学习成就 / 47
快速记忆让你充满动力 / 49
牛刀小试 4 / 51

五、消除学习障碍 / 53

我们的大脑是失控的 / 53
学习的三大障碍 / 54
快速记忆让你信心倍增 / 56
从此拥有秘密武器 / 57
快速记忆让你学得更容易 / 58
牛刀小试 5 / 59

第三章 快速记忆技能分解与练习 / 61

一、全脑思维训练 / 63

主动控制的意义 / 63
被动开启的脑 / 65
化被动为主动 / 66
你常用左脑还是右脑 / 67
左脑、右脑大不同 / 68
主动控制，多感官思维 / 68
提升你的感官敏锐度 / 69
牛刀小试 6 / 70

二、图像化思考训练 / 72

记忆的三种境界 / 72

爱因斯坦的图像化思考 / 75
流行歌曲的图像化表达 / 77
图像产生更深刻的记忆 / 78
图像化思考——化抽象为具体 / 79
工笔画与抽象画 / 81
图像式记忆——视觉化练习 / 82
牛刀小试 7 / 83

三、激发创造力训练 / 86

创造力强，记忆力更强 / 86
创造一些“与众不同” / 87
创造力 = 观察力 + 想象力 + 联想力 / 90
垂直思考——重视前因后果的推理 / 91
水平思考——许多向外放射的可能答案 / 91
曼陀罗思考——垂直思考 + 水平思考 / 92
创造自己的记忆 / 93
留住你创造的刺激 / 94
让介质帮助你记忆 / 96
创造一个熟悉又有弹性的介质 / 97
善用感官接收 / 98
发挥你的创意来思考 / 99
牛刀小试 8 / 101

四、创意联结训练 / 103

超强记忆的秘诀之一——联结 / 103
超强记忆的秘诀之二——分类整理 / 104
超强记忆的秘诀之三——简化与编码 / 106

联结的基础——联结点 / 110
联结的关键——动词 / 112
联结的境界——创意 / 114
联结的基本技巧——联想 / 117
联结的高级技巧——身体挂钩 / 120
身体挂钩的神奇效果 / 125
联结点无所不在 / 127
牛刀小试 9 / 128

五、让记忆永久保鲜 / 131

及时整理记忆 / 131
记忆是有保存期的 / 132
及时复习，记忆才能保鲜 / 132
自觉应用记忆技巧 / 133
牛刀小试 10 / 135

第四章
快速记忆实战应用 / 137

一、超强文字记忆法 / 139

文字记忆三阶段 / 139
从学会，到熟能生巧 / 141
深入人心的广告词 / 141
广告词的创意 / 144
超强文字记忆原理 / 145
超强字首语记忆法 / 147
超强诗词歌赋记忆法 / 150

二、超强英文单词记忆法 / 154

英文单词 VS 法式长棍面包 / 154

选择你喜欢的酱料 / 156

记忆英文单词的三个层次 / 157

超强分解记忆法 / 157

超强谐音记忆法 / 158

三、超强日文五十音记忆法 / 161

四、超强数字记忆法 / 163

中文编码练习 / 163

英文编码练习 / 164

数字和文字的互动 / 165

五、超强读书应试法 / 166

整体记忆读书法 / 166

像老师备课那样去学习 / 167

记得像“小抄”一样牢 / 168

六、让快速记忆改变你的人生 / 169

运用创意思考帮助记忆 / 169

填补你的思考空白 / 171

简化繁杂的信息 / 171

提高兴趣，你会记得更好 / 172

附录 / 175

一、快速记忆细说从头 / 177

源自远古的希腊城邦 / 177

西蒙尼德斯的贡献 / 177

运用想象的地点事件法 / 178

快速记忆法的代表人物 / 179

快速记忆法的商业化 / 180

二、补充你的记忆维生素 / 181

食补与运动 / 181

精神食粮 / 181

后记 / 183

第一章
快速记忆助我成功

一、我的“最强大脑”秀

超强记忆引来媒体关注

由于我在台湾从事记忆培训已经很久，大约是从 1998 年开始的，我创立的 71 快速记忆学校几乎是最早的一个记忆教学机构。这就引起各路媒体很大的兴趣，所以就有很多节目邀约我。

我相信在未来，有关记忆的节目设计跟表现形式一定会更加丰富，因为是观众感兴趣的事情，而且对提升脑力有帮助，类似的节目我相信会越来越多。我是乐见其成的，因为毕竟在台湾这类节目是有成功经验的，只要是有关记忆力的节目都有非常高的收视率。当然，也要看是什么样的人来诠释才比较适当。

记忆力表演刷新收视率

我常常去上《康熙来了》、《小燕有约》和其他一些综艺节目，参加记忆界的比赛，都会受到观众的肯定和欢迎，也都创下很高的收视率。

大家在那个时候其实对快速记忆是很陌生的，也没有一个正确的概念，总是觉得快速记忆只是表演用的。当然通过上节目，我们让快速记忆被更多人知道，也让大家都了解到快速记忆神奇的威力，重点是让观众看得开心，才会有收视率。

当然，我们在节目当中呈现快速记忆法时，也都无所不用其极地去想一些新的花样。

我在节目中最爱表演的就是记忆一些大家觉得很难记的菜单。我记得有一次上的一个节目叫作《钻石夜总会》，让现场的来宾从 80 个菜名里面挑出了 20 个菜名，挑完之后把它重新排列组合，让我跟另外一位参赛者来比赛。菜单上都是些奇奇怪怪的特殊的菜名，背得我们非常伤脑筋。当然我在背的过程当中也是化险为夷，因为主持人要求很严格，差一个字都算错，后来我就差了一个字还是两个字，现场的效果非常惊险刺激。大家在观众席上也替我捏把冷汗，我在背的时候，观众会被现场的气氛影响，就会跟着一起背，这也是一个很有趣的现象，大家会有一种同处一个空间一起背东西的感觉。

后来我又参加了一个节目，就是记麻将牌。麻将牌是中国的“国粹”，但是很少有人利用快速记忆记它，大部分都是使用扑克牌在记。麻将牌记忆的方法跟扑克很类似，要先去把所有的牌面设定成为一个图像，然后在头脑里面把这个图像塞在你原先设定好的空间里面。记的牌张数也不多，大概15张左右。麻将牌的记忆是收视率很高的一个节目，因为大家都没有看过这类节目，因此感觉很有意思。

我印象比较深刻的是记人的脸，就是把人的脸跟他的名字对应起来。现场的人都会有自己的名字，写在一张纸上面，只要把那个人的脸跟打开来的名字看一眼，就要记住。比如说5分钟之内把20个人的名字跟脸记下来。这也是非常有意思的比赛，而且成本也不高，都是一些现场的来宾临时把自己的名字写上来，就可以玩记名字的游戏了。当然在这种状况下，观众也会测试自己的记忆力，跟着我一起在现场背这些人的名字。有时候我们会把名字记错，张三李四搞混了，也是节目的一个笑点。

除此之外，还记过电话号码，现场会有手机20只，每个电话号码都不一样，然后报一次，报完你就要把这些电话号码记下来，记下来之后还要去拨打，电话响了才代表这个电话号码是被成功记住的，这也是非常有趣的经验。

还有调酒，吧台的酒保头脑里面有几十种酒，一般人都记不住。我曾经教过一个调酒老师，他教他的学生调酒，可是要记几百种配酒方案，很难记住，所以要求我来帮忙。我记调酒的速度也是很快的，头脑里面能记住20种到30种不同配方的酒。

除此之外我还参加过开锁的节目——开金库密码锁，这是我最喜欢的一个节目。因为金库的密码有四位，现场有二十个不同的金库箱，要念过一次就能记住，这就是考验我们的现场记忆功力。

趣味性最高的是一个记美女三围的节目。现场会有 20 位美女，穿着泳装，各自报出自己的三围，比如 36、25、34，每一位泳装美女都有自己的名字，全部报完一次之后，再让我们来回忆，刚才某某人是什么样的三围。当然现场观众会非常开心，原因是除了可以参与记忆力的展现之外，还可以看看美女，因此节目收视率都非常高。每一次参加这样的比赛都可以大饱眼福，所有的美女都玲珑有致，现场嘉宾和观众朋友都看得不亦乐乎。

在《最强大脑》中的惊险体验

说起有趣的节目，江苏卫视《最强大脑》这个节目就相当有趣，比赛项目更是五花八门，有些是记魔方，有些是记速读，有些是记攀岩，有些是记扑克牌，有些是记各种地图。因为任何的记忆比赛，最大的吸引点是让观众跟着一起来记，让观众能够有参与感，因此这个节目不错。

在《最强大脑》中，我表演的是悬空解密码锁，就是从 15 米的高空用钢索把我吊下来，让我悬在空中来解开 12 道金库密码锁。就像电影《谍中谍》里面汤姆·克鲁斯所饰演的角色一样，把密码锁解开。这个节目的卖点就是造型还有现场的惊险气氛。解这些金库密码锁对我来讲并不陌生，但是难在悬吊空中的时间过久，而且悬空的高度很高，会产生一种心理上的压力，同时肉体上也要承受很强的力道，因为钢索吊在身上只有一个支点，我要保持身体的平衡，要让身体姿势看上去非常美观，又要去记这些复杂的数字，还要再去按这些号码，确实在我参与过的游戏当中是非常有难度的。我也是差一点点就没有成功，还好，在最后时刻把密码锁都解开了。真是一次艰难的挑战。现场的观众也是非常热情地报以掌声，让我印象非常深刻。

二、快速记忆帮我提升表演境界

发现快速记忆法

我当了十年的演员，在求学时代也深受背书之苦，而且有一些刻骨铭心的学习障碍。像这样的经验，我想大部分的学生都有：书念得很多，可是考试成绩不好，结果花了太多的时间，却做了一些没有意义、没有效率的学习。

因此，当我发现快速记忆这个有趣的技能之后，就尽我所能地把它转成可以应用在学习上的一种方法。

演员三阶段

一个演员，如果花 80% 的时间和精力去背台词，而只剩下 20% 的精神去留意演技——动作、表情和声音的抑扬顿挫，那么他在表演上可以提升的空间一定受到很大的限制，因此我一直在寻求一种背台词能背得比较快的方法。

如果能把背诵的时间和精力降到最低，就能大幅度地提升在表演技术上所用的时间和精力，构思如何创造更多东西来吸引别人。

我在美国受过专业的表演训练，发现大部分的演员都会经历三个阶段：第一个阶段是“背台词”，第二个阶段是“摆姿势”，第三个阶段才能真正到演戏。

为什么说前两个阶段是“背台词”跟“摆姿势”呢？因为在这两个阶段，他们是在“演”东西，不是从内心自然而然表现出来的。

一个人演戏，要让人家有感受，他必须从内在表现出来——一个戏剧要完成，要用内在的动力去完成它，而不是用外在的动作去完成它。外在的动作要配合内在的动力。也就是说，内心要先有这个意图跟想法，外在动作再去配合，而不是只把外在动作做到，而内心根本没有这样的想法。

用快速记忆法来背台词

要达到由内而外地自然表演这样的境界，非常困难的一关是：把你的台词非常熟练地消化在你的心里面。

如何把台词消化在你的心里面？

首先就是**背熟！**

如何把它背熟？若是按传统方式去背，一定会觉得很辛苦；如果能用一些更有效的快速记忆法，我们就会发现，所需要的时间很少，然后，可以把大部分的精力用来感受文字带给你的意境，如此，也才能反过来去诠释剧本对这个角色的雕刻和描述。

虚拟与排练的记忆方式

我对快速记忆法为什么会有特别深刻的感受？其中一个原因是，我发现，演员背台词的技巧跟方法，与快速记忆法之间，其实有非常强烈的关联性。

怎么说呢？对一个演员来说，记台词是用一种“空间排练”跟“内心排练”的方式来记忆文字与对白。在背台词的过程中，演员必须借由文字去想象，在脑中或者内心把这整场戏模拟出来，然后再从这样的练习中记住自己的台词。所以一个演员常常不是只背他自己那部分的台词，有时候为了让表演更深入、更精确，他必须把跟他对戏的其他所有人的台词都记下来。如果想要让情绪转折合情合理，他可能对整个剧本都要有一定的熟悉度。

而快速记忆法所强调的，也是**利用内心的虚拟跟排练所产生的幻觉，来帮助记忆**。比如要记忆历史上的某一场战争，就要虚拟那场战争的情形，让它在脑中“上演”。或者要背一首情诗，就想象两个人浓情蜜意的样子，想象他们的表情、想法。这样，很容易就背下来了。

啊！美丽的公主！
我已杀死恶龙！
你获得了自由！
剧本
假戏真做

由此可以看出，“快速记忆法”跟“记台词”这两者之间，在脑中运作的模式其实是不谋而合的。也正因为两者之间这种巧妙的互通性，所以我很乐意用表演的方法来介绍快速记忆法。我也相信这样子来推介快速记忆法是非常适当，而且是很有效果的。

节省背台词的时间与精力

经过快速记忆法的训练之后，我就发现背台词更有整体感了，也就是说，我并不是逐条逐句地去背诵对白，而是把整个戏的场景、空间、时间都记进去了。

因此，我念出来的文字并不是平面的，而是有情绪在里面、有空间在里面、有时间在里面、有停顿在里面。这对戏剧表演者而言，会有一种轻松的感觉：**只要花 20% 的力量去注意背诵的部分，80% 的力量用在修饰演技，以及这个角色对情感的投入上。**

所以快速记忆法很有意思的地方，在于可以节省学习的精力和时间，可以把精力和时间节省下来去做一些比较性的思考、消化性的思考、创造性的思考，这样才能把剧本的精神真正表演出来或表现出来。

牛刀小试 1

试试你的记忆力：

用五分钟时间，仔细研究下面的东西，然后合上书本，写下所有你能记得的。核对看看你可以记住几个。

解说：

这是记忆的第一个小技巧，也许人人都会。这十个东西里头，有五个是鸟类。所以，如果在研究的时候，你的脑中就自动把它们归类，也许它们就是你最容易记住的东西。而其他的零散信息，没有受到训练的人，几乎是很难在短时间内记住的。因此只要能够稍稍运用规则来分类，就能够使记忆力更容易运作。

三、成功开发快速记忆课程

我沉浸在快速记忆法当中已经有相当长的一段时日。在我对快速记忆法产生兴趣之后，就通过各种渠道去搜索相关信息。

1998 年，偶然地发现台湾有所谓记忆训练的机构，国外也有。我就开始更多地收集资料，并积极地参与一些课程。

快速记忆法的引进与推广

其实我发现，这是一个很新的行业，大家对快速记忆法认识并不清楚，造成这个课程被过分夸张化、神圣化，或者过度商业化，而并没有把它的本色发挥出来。

所以我又开始思考，如何将这样一门课程实际运用在学习上、生活上，让它以一个比较合理的商业形态出现在社会上，让大家以比较经济、比较有效率的方式接受这样的训练，进而运用在自己的领域上。

这个过程中，我在国内国外都收集了很多资料。此外，一些杂志、期刊、网站上定期发表的言论，我们的讲师群也都密切注意和研究，并且定期开讨论会来研究新的方法，看它们适不适用于使用中文学习的学生，或者是想要考证书的人身上。

一个实用课程的开启

这是一个团队，并不是我一个人就可以做到的，也就是说，在这个领域中，每个人都有他扮演的角色，而我扮演的就是一个引导者的角色。

当我让有兴趣的人对这个课程有一个初步的了解之后，其他的讲师就会以比较实际的操作工具、方法和技巧来帮大家进行快速记忆训练。这个课程是设计给一般大众的，所以它不会很深奥。

其实这本书，我希望里面有很多实用的字句，让阅读者能记在自己的笔记本上，随时随地提醒自己学习的技巧和方法。如果一本书充满了炫目的数据、浮华的比喻、没有意义的引喻，实用性是不高的，翻两三页可能画不出一两句，或一两行有用的东西。我希望给读者的是非常切中要领而没有废话的书本，不需要没有实质帮助的东西，我只希望把浓浓的学问原汁灌输给读者。

“前卫”的思考方法

作为一门新兴学科，“快速记忆”这门学问仍在缓慢地发展中。它是一门远没有被完全开发的学科，而且它被认同的速度比传统学习方式要慢很多。但是这并不代表它不适用或不实用，而是显示了人们对于快速记忆法的“荒谬性”没有办法接受。

在提倡快速记忆法这门学科时，遇到的最大阻力来自传统卫道人士的阻挠。因为他们觉得：用头脑直接去记住知识本身，才有它的正统性，如果通过一个荒谬的“介质”来记东西，会让神圣的学科产生被亵渎的感觉。正因为很多人对于这种“荒谬性”的质疑，再加上这些卫道人士的排斥，以致快速记忆法虽然来由已久，却始终只能被当成一种不那么正当的“工具”，没有办法在正统的殿堂里成为一门正式的学问。

但平心而论，它确实是有效的。

也许我们是对它的正统性没有信心。因为我们一直都是仰赖最原始的方式去学习，代代相传，没有想过还会有其他的方法可以让我们学得更快、更好。尤其人类的“惯性”很可怕，对于未知的事物往往有许多莫名的质疑、畏惧，甚至是排斥。万一这个方法果然有所谓的“神效”，那么人们一定会对它产生强烈的怀疑：因为那不是我们习惯上所使用的方式，可能就是旁门左道。

实际效果最重要

但是，我在这边必须很郑重、很诚恳地说：如果一开始心胸就能够打开，讲求效果，那么过程其实不需要那么在乎。

这并不是就承认了卫道人士对于快速记忆法的误解——同意快速记忆法只是一种“荒谬”的工具，相反的，我非常希望有更多的人接近它、接受它，慢慢认知到，原来在传统的记忆方法之外，还有这么多、这么强大的记忆方式可以帮助我们更好地面对生活，学习更多的知识。

快速记忆法只是在路径中不那么正统，一旦你真正接触到所谓的快速记忆法，你必然能够深深了解，比起这个“是否为正统”的争论，快速记忆法带来的速效毕竟实际也实用得多了。

我想强调的便是这一点，**效果远比路径重要！**只要你亲身享受到快速记忆法带给你的便利和成就感，毫无疑问，你一定也会认同这句话。

表达出快速记忆的精神

大概有将近三年半到四年的时间，我每天与这个学科朝夕相处。其实我并没有太刻意使用这门技术，因为它已经变成我的反射动作。这个领域里我的前辈多的是，我只能用同样的技巧、不同的说法，来讲授这一套快速记忆法。如果听的人能够接受，就代表新的说法比旧的说法有效。

我是一个演员，我的表达能力会比一般人强一些，因此我能够很清楚地表达出这个学科的精神所在。当然，我的教法也不同于课堂上教条式的教法，学生会觉得很有趣。

学生觉得有趣，自然就能引发他们更多的动机和兴趣，相对的，他们在快速记忆法的学习上，就更能提高效率。而当他们有了一点心得，或是实际上有了具体的成效，那更是我所乐见的。

牛刀小试 2

看清楚这个号码，请用一分钟研究它，然后合上书本，看看你记住多少？

36552124313028

解说:

快速记忆法的第二个小技巧：理解分析后的资料，比较好记。

你可以把这几个号码分成几个部分：一年有 *365* 天，*52* 个星期，*12* 个月，*4* 个季度，每个月通常有 *31*、*30*、*28* 天。这样分析之后，你是不是就能够完全地记住它了呢？

图A：

图B：

第二章
快速记忆就是科学用脑

一、快速记忆的神奇效率

记忆力不好还有救吗

我从事快速记忆的表演或者比赛也已经十多年了，每次只要有这种记忆游戏出来，就会创造很高的收视率。我觉得这很有意义，也就是说，大家对于记东西这件事情抱有非常大的探知欲望。因为很多人都是记不住、忘东忘西的，大家对记忆力好的人会感觉非常好奇。

其实人的记忆力和人的体力一样，天生有高有低。有些人天生比较瘦弱，有些人天生长得强壮，这跟他的基因或者生长环境有很大的关系。那么，瘦弱的人难道真的打不过强壮的人吗？不尽然。就像记忆力不好的人，难道永远没有办法解决吗？不是的。记忆力天生不好的人就要利用工具来强化自己的记忆力，就像比较瘦弱的人要用武器来对付比较强壮的人，道理是一样的。

快速记忆与速读的不同

所谓“速读”，是看得快，但不一定记得快。

我不太相信速读能把一个原本陌生的信息消化下去。比较陌生的东西，我们念过之后常常头脑是一片空白。可是不知不觉你会发现你已经看了好几遍，主要的原因是因为**你跟文字之间并没有互动**。

之所以会发生这样的事情，是因为你对信息不熟悉。

速读本身当然是有一些预览的功能存在，但是它有个最大的问题是：学成的比例比较低。也就是说，一百个去学速读的，真正能够学得很棒、速度很快的不到三个或五个。

假设有一百个人去练举重，大概只有一个或两个变成肌肉壮汉，其他的人可能只会有一点感觉。就像一百个人去加入健身房的会员，根据健身房的统计，可能也只有两个或三个会常常去。

用这个思考去看速读，一百个人去学它，会常常用或者把它当工具的，在比例上是比较小的。

快速记忆的特色则是，**成功的比例比较高，有收获的感觉比较强**。

我们要的是过目忘得很少，而非一目十行。一目十行对我们来说并不重要，重要的是过目不忘。因为知识不在于看了多少，而在于记得多少，也就是说，**书读得多不重要，重要的是要记得多**。

过度学习的乏味与低效

传统的学习方式中，从陌生到记住，中间会产生遗忘。

遗忘之后我们会再重新复习，可是不久之后又遗忘；接着再复习，然后又遗忘：这就是所谓的**“过度学习”——遗忘→学习→遗忘→学习**。通过这个学习过程的不断反复，一遍又一遍地让这些信息在脑中重复作用，慢慢地，就可以让思考的路径变得很深刻。

但是，我们可以想象的是，像这样的过度学习，必须花费相当多的时间，操作起来也是十分令人疲倦的。所以小朋友念书念一念就会觉得烦，就连大人要一遍遍地把同样的东西死记在脑袋里，还要不断地重复它，也会觉得非常无聊，最后不得不放弃。所以很多人书念不好，未必是头脑不好，常常是因为缺乏足够的耐性，没有办法一直做这种一次又一次很无聊的练习。

所以对大部分的人来说，记忆都是一件很乏味又没效果的事。偏偏在学习的过程中，记忆又是那么不可或缺。

快速记忆的速效与神效

在快速记忆的领域里，我们试着让你**花最少的时间，取得最好的效果**。让记忆对你来说不再是一桩苦差事，让记忆可以更轻松、更快、更好。

因为，快速记忆的特色是：**一次就让你永生难忘**！

快速记忆并非短期记忆加上过度学习所造成的长期记忆；它是第一次就让你形成长期记忆。因此，往后的这些学习，只是思考路径的一个提醒，重新模拟当初输入的过程。这样一来，不但第一次学习时就可以印象深刻，此后的复习也会变得很简单。

简而言之，传统强记死背的短期记忆所能维持的时间，大概二十四到三十六小时，所以必须在这二十四到三十六小时里，在你还没有遗忘的时候，赶快去做重复的学习。要这样经过三到五次重复的练习之后，短期记忆才能变成反射动作，形成长期记忆。

一旦成为长期记忆之后，要遗忘就不是那么容易了。

所以，比较快速记忆跟传统学习，两者在记忆方面要达到的目标都是形成长期记忆。只是传统学习要形成长期记忆所花费的时间较久、心力较大；而快速记忆则是：**当信息第一次进到脑子里的那一瞬间，储存的方式就是长期记忆**。也因此，它可以花最短的时间，就能够产生最大的效果。

传统记忆法	死背→短期记忆→遗忘→复习→遗忘→复习→……→长期记忆
快速记忆法	活背→长期记忆→提醒→提醒→提醒→提醒→……→长期记忆

传统记忆法
死背
短期记忆
遗忘
复习
遗忘
锁
长期记忆
与
快速记忆法
活背
长期记忆
提醒
提醒
提醒
长期记忆

二、认识你的记忆

一切知识都来自记忆。

记忆分为短期记忆和长期记忆，一旦信息进入长期记忆区，你就不会遗忘，就能主动控制你的脑，让记忆可以随心所欲。当你把记忆分门别类建立资料箱后，你就像随身携带了庞大的记忆库。

一切知识，不过是记忆而已

弗朗西斯·培根说：“**知识就是力量**。”而柏拉图说：“**一切知识，不过是记忆而已**。”综合两位大师的说法，那么，**记忆，就是一切最伟大力量的根源**。因为记忆掌握所有的知识，而知识推动所有的事物，推动事物造成巨大的改变，成为一个强大的力量。

可以这么说，我们现在看到、听到的这个世界，完全是在记忆的基础上建构出来的。因为有了记忆，才能转化为知识，有人运用了这些知识，不断地创新发明，我们今天才有这样舒适的生活。

如果没有记忆，每一件事情都要从头来过，那么我们的文明自然永远都无法进展。因为，如果前人所留下的珍贵遗产无法在这一代经过开发改良而创新，他们的发明就等于是浪费了。相反的，我们今天之所以过着日新月异的生活，无非是仰赖了前人的文化遗产。前人的文化资产如何留存至今？当然是靠记忆。

正因为人类有记忆，许多珍贵的信息、重要的观念和发明，才得以超越时间和空间的限制，化为知识储存下来。

一个庞大的记忆库

曾经有科学家指出，要把一个人脑袋里头所记住的每一件事情全部记录下来的话，这数量是非常庞大的，因为一个人记住的信息，足以填满一百亿页的百科全书。

换句话说，我们人类其实得天独厚地拥有一个**超级的记忆库**，这个记忆库可以说“日理万机”，随时随地都在处理进进出出的信息。

有趣的是，虽然我们拥有功能这么强大的“机器”，事实上这个“机器”并没有好好地发挥它的作用——相信没有一个人可以斩钉截铁地说，我从来不忘记任何事情，对不对？

所以我们可以想见，一旦掌握了这个记忆库的**使用方法**，学习效率的提升必然是十分可观的。

健忘——生活中无法忽略的烦恼

“记忆力不好”，对许多人来说已经是一件可大可小的烦恼。当然，如果你在重要的考试中，忘掉前一晚背得死去活来的答案，或者曾经在重要的时刻想不起重要的事，因而错失了商机，那么“遗忘”对你来说一定是一场刻骨铭心的梦魇。

如果只是出门忘了带钥匙，忘记太太交代你到超市买的柴米油盐酱醋茶，顶多只是觉得生活上有些不方便。也许你会想办法把钥匙挂在身上或是放在固定的包里，写张纸条记下要买的东西。当记忆力不是“招之即来”的时候，我们就会想各种办法来记住要记的事情。

一般的情形是，我们常常会归咎于年纪大了、事情多了、贵人多忘事，等等。忘记一句话、忘记一个人的姓、忘记一个约会、忘了带什么东西……我们的生活充满了各式各样的“忘记”。大多数人在忘记的时候，就耸耸肩、笑一笑，然后告诉自己下次不要忘记。

我们这么努力地想办法让自己对“忘记”习以为常，但是，你有没有想过，我们其实可以想办法改变这种恼人的状况？

学校没有教的事

对学生们来说，如果有过目不忘的本领，让他们读过的书都能够通通记起来，他在考试的时候一定所向无敌。这样，不但答题得心应手，读起书来也事半功倍。

我们都当过学生，念书时最可怕的情况是书上的东西记不起来。背是背了，但是写考卷的时候又忘光了。偏偏学校老师只会教你背、背、背，从来也不讲解**“到底要怎么背”**？

最后，书念不好，只能怪自己记性不好。长久下来，对读书就会心生恐惧，甚至厌倦。

很会念书的人，我们就会以一种“仰望”的姿态羡慕他有那么好的脑袋，有那么好的记性，可以把念过的书通通记下来。可是想到自己，就觉得很无力又很无奈，却一点办法也没有。

给自己一个不再遗憾的机会

我们似乎都已经很习惯地，将记忆非常宿命地认定为一种个人因素，将它视为不可改变的事实。但是记忆真的是天生的吗？真的是注定的吗？

确实，人类的记忆力就像人类的体形、体力一样，是天生的基因造成的，有些人天生就长得高大、力气强，有些人天生就瘦弱。各种人种的基因也各不相同。但是，也有些人天生记忆力特别好，像音乐神童莫扎特，听过几次的曲目，就能弹出来。

但是，如果天生力气不够，可以使用工具，就像搬东西用杠杆，走路改成骑车。同样的，天生记忆力不够好，也要使用一些工具。我们确实可以经由学习，得到一些无形的杠杆、无形的工具，来协助你完成记忆。

许多研究都说明了，人类对于头脑的开发不到10%。更何况，我们拥有这么一座超级记忆库，挑战自己的记忆是绝对可能的事！

人生有成千上万的机会随时随地出现在你我身边。但，就因为忘记了，人生有多少不必要的缺憾？**你可以选择继续原谅自己，或是让自己更有效率**。

人生真的不需要那么多遗憾，只要你愿意改变自己！

三、如何形成长期记忆

短期记忆有多短

记忆力空间如何运作，到现在还在不断地研究中。目前可以证实的是，这些进入我们脑海的信息，经过一个复杂的运作过程之后，会依据记忆储存方式的不同，在脑中停留长短不等的时间。这时间可能短到一瞬间，也可能长到一生，至死方休。

所以，你会发现，有些东西在你的脑中可以存留的时间很久，有些东西却是非常短暂。

就像有时候我们会打 114 向查号台问电话号码一样。通常我们问电话的时候，手边大概都会有一支笔，把你问到的电话记下来。要是刚好找不到笔，没有办法记，你听到查号台小姐告诉你的电话之后，可能就会不断地复诵这个电话号码，嘴巴要一直念念念，念到电话拨通为止。如果没有拿笔记下来，又没有不断地复诵的话，我想你应该很清楚，没过多久，也许只是五分钟、三分钟甚至更短的时间——只要转头去做点别的事，可能马上就忘得一干二净。

号码是88888，88888，88888
1 2 3 4 5
上山打老虎
1
1 2 3 4 5——
上山……
2
…打老虎！
3

类似记忆电话号码这类情况，就是短期记忆非常具体的例子。

短期记忆有多短?

据研究报告指出，从外界接收信息传到脑中，如果没有放到长期记忆区储存的话，那么就只能形成短期记忆。**而只要是短期记忆，15～30秒内就会消失在你的记忆区。**

短期记忆与长期记忆成正比

应付类似的情况，我们最常使用的方法都是复诵，也就是经过不断“排练”，在脑中重复这些信息，来延长它停留在你脑袋中的时间。除了复诵这样的动作，我们已经很习惯地会想一些特别的方式，去加强我们的记忆。如果是无关紧要的事情，通常，我们大概得过且过就算了。

我们注意到的是，这种短期记忆究竟能在我们平常的事务中发挥多少作用?

无论你的短期记忆多强，我们对于短期记忆的容量却是有限的。所以说，如果我们的记忆只停留在短期，不管你多么努力地加快速度、增加分量，效果仍然很有限。

但是，这并不是说短期记忆一无是处。相反的，若是短期记忆的效率增加，长期记忆也可以随之扩张。假设短期记忆是一间工厂，那么所有的信息都要先经过这个工厂的筛选、分类、处理，最后才将有意义的信息留存在长期记忆区。

因此，任何信息只要经过短期记忆的加工，其后再从长期记忆区抽取记忆就容易得多。

长期记忆，永志不忘

所有的信息和刺激，经过短期记忆不断地淘洗、筛选，一些无意义、没必要的就会被淘汰、删除，最后就自然遗忘。只有经过人的脑袋赋予意义的信息和刺激，才有办法长期留存下来。记忆如果进入长期记忆区，就不太容易“丢掉”。

通常我们头脑里头存在的长期记忆分成三类：一个是个人经验，再者是普通常识，然后就是一些技能上的知识。我们可以自己来作一下检视。

关于自己的个人经验，大家应该都是十分清楚的，这是因为每个人自然而然就有一个“自传性的记忆系统”。比如说，你应该会记得自己念哪个小学、哪个初中、哪个高中。若是记得详细一点，可能还会记得初中班主任什么样子、高中穿的校服、学校的建筑物。因为这些都是你亲身经历过的，而且是独一无二的，对你来说就是专属于你个人的记忆。

至于普通常识和技能上的知识，如果仔细回想一下，会发现很多我们视作平常的东西，其实也是记忆的一部分。比如我们去学开车，当然要记得什么是引擎、转数、车灯等。一般女孩子刚开始学开车，就要很努力地去记这些东西，但是当她开一段时间之后，这些东西就已经内化为反射动作了。这些常识性的记忆也是属于长期记忆的一种。

还有像我们学电脑也是一样。你要用五笔输入法去输入文字，那么一开始就必须要记一些拆字规则，然后才能够依照这些规则去拆字。等你练到非常熟练的时候，你就会发现，无论什么样的字，你一看到马上就可以反应出它的拆字方式。

其实，在键盘上找拼音符号的情况也有点儿类似。因为不熟悉键盘，所以每打一个字都要很辛苦地找一遍，可是等你打过一段时间之后，就会发觉，愈打愈快。为什么会愈打愈快呢？这是因为在一次又一次的练习中，你的头脑在记忆那些位置，你的手指也在记忆那些位置。熟能生巧之后，不必特别去找到底这个拼音在哪里、怎么打字、怎么输入，自然而然就把这个动作给完成了。

像这些长期记忆，真正分析起来，你就会恍然大悟，它们也是记忆的一部分。但是不能忽略的是，我们知识的传递和传播，正是归属于长期记忆这个系统的运作，才能够永志不忘。

遗忘不是消失

有一点你可能会觉得很疑惑：既然长期记忆功效如此强大，凡是进入长期记忆区的信息几乎都是令人难忘的，那么为什么我们还是会有遗忘的事情发生呢？

首先我们要了解什么是遗忘？每个人当然都会遗忘。我们看到“遗忘”这个词，马上会联想到“消失”——从记忆中消失，再也想不起来。

所以你会觉得很疑惑，不是说记忆一旦成为长期记忆，就永远不会消失吗？

事实上，所谓的遗忘，并不是我们一般人想象中的遗忘，而只是信息没有被唤起，或者是读取信息失败，就像电脑有时候会读不出信息是一样的。有时候你会发觉，即使一下子没有想起一个名字，或是一下子没想起来一件事情，可是等到下次又听到这个名字，或是再听到这件事情，又会马上记起。“啊，我想起来了，就是……”像这样的情况，你并不是真的忘掉了，而是那些信息藏在深处，没有被你唤起。下次再遇到这样的情形，可以试试联想一些相关的事件、时间、地点等，你会发现，其实如果给一些提示，很快就会想起来。

我们常会说，记忆在我们的脑袋里，就像一本一本放在书架上的书。因为它分门别类放好了，很容易从中抽取你想要的书。但是这些书有时候也会发生放错位置的情形，这样你要找的时候就会比较费时。

有的时候，甚至这本书会从架上掉落，掉到看不到的地方了，当然再怎么努力地找也找不到，怎么想都想不起来。现在你应该明白，这本书只是掉落在不正确的地方，或是摆错位置，可能因为你上次归位的时候没有把它放好，也可能因为比较少使用，以至于书本沾满灰尘。但是，无论如何，它会一直在那里，等着被唤起。

借助环境的力量唤起记忆

你可能也有过这样的经验：当你到一个多年以来没有再到过的小镇，脑中会突然浮现出以前在这个地方做过的许多事情，而这些事情从你离开以后，是想都没想过的。

比如到了十二月，我们自然而然会想起跟圣诞节有关的许多事情，收到的卡片、以前一起聚会玩乐的朋友、小时候玩的游戏、老家摆放的圣诞树等。这些东西，平常都不会想起来，但是只要到了十二月，很容易就会沉浸在以前每一次欢乐的感觉里头。

上面举的这两个例子都在说明，环境对记忆有令人难以想象的影响。就学习来看，这也就是说，如果你曾经在某一个特定的地方学习一样东西，下次你再处于一模一样的环境时，就特别容易记起它。

因为我们的记忆绝对不是孤立的，它常常会和很多人、事、物一起存在；我们的脑子也不会凭空忆起各种事件和感觉，往往都要依附于某些环境之下。因此，当我们试图回忆时，可以设法让自己处在当时这个事件的环境中，如果没有办法身历其境，也可以通过想象让自己回到那种环境。通过环境的重现，并经由这个环境所衍生的种种脉络，就可以很容易地让我们回想起来。

牛刀小试 3

下边有十一排数字，请你的朋友帮忙，他念一遍，你跟着念一遍。一排一排念下来之后，看看到哪一排，你就无法复诵？

2

71

692

4217

68423

594317

7589453

53257438

897654357

7657289532

53675492314

解说：

你能记得的数字，就是你的短期记忆。大多数的人都记得五到七个数字，如果能记到八个或更多的话，表示你短时间能记住的东西相当多。一般来说，短期记忆的极限是七个。

四、快速记忆原理

我们每天都在接受各式各样的信息。

比如说，我们可能会遇到许多人，交换许多名片，看许多文件，阅读杂志和报纸……我们的眼中随时随地摄入许多影像、文字，耳朵听见许多声音。换句话说，每天，我们的脑袋要处理的信息非常多，但是，你记住多少？

记忆，来自源源不断的创造力

在我们的记忆中，一些印象深刻的事情常常保留比较长的时间；相对的，无关痛痒的事就很难在我们的脑海中留下痕迹。很多时候，当我们希望想起某些事情时，却发现它们已如过眼云烟，消失得一干二净。即使曾经努力背诵、刻意要记得的人、事、物，也随着时间流逝渐渐淡忘。

所以，当信息传送到我们的脑子里，大脑开始运作，就自然而然地会对一些比较特别的信息，有特别敏锐的感觉。如果是被视作平常的信息，就不会有特别的印象，当然也就不会特别去记住它。

因此，在快速记忆里，一个很重要的想法，就是抓住印象深刻这个点，创造平常你看不到的事件。

创造深刻印象，强化记忆

特别之所以存在，而且令人印象深刻，就是因为那是平常你看不到的事件，所以会对它有特殊情感。当你对平常看不到的事件产生特殊情感时，就会产生比较深刻的记忆。

那么，要如何创造深刻的印象？

很简单：**发挥你的创意！**

创造力强的人，记忆力一定强。因为**记忆来自不断的创意**。

如何把一个本来没有的东西说得天花乱坠？如何把一个平常的东西想象得出人意表？这就要发挥你的创意，把平常的事物经过联想而作更多的包装，产生让人喷饭的效果。

任何平凡的事物，经过画龙点睛，很可能就点石成金。点石成金以后，自然就印象深刻，要忘记它，当然就不那么容易了。

让学习换挡

通常我们在学习的时候，会偏重用某一感官。比如用眼睛看或用耳朵听，顶多再用手写一写。但是人类的感觉有听觉、味觉、触觉、嗅觉……如果只是用某一个感官或某两个感官来学习，就是一种比较没有效率的学习。因为某些感官过度使用，而某些感官却闲得发慌。

所以，要提升你的效率，就必须学习用**多感官来记忆事情**。只用视觉或听觉记忆，容易松脱遗忘，用多感官来掌握知识，才能牢固稳定。

假设你有一部很好的车子，马力两百，六速手排。如果你永远不会换挡到五、六挡，即使开上时速一百公里也只用一挡，那么一定会造成引擎过热，局部负担过重。同理，当我们视觉或听觉的压力过重，学习速度就不可能快，因为不懂得“换挡”。

当你学会换挡，学会将全部的感官用在学习上，就像开车上高速公路，不可能只是用一挡、二挡，而是可以换到五挡、六挡的时候，你会发现：引擎的负担很轻，很有效率，也很轻松。

这个时候你再集中精神，将引擎转数拉高到五千转、六千转的时候，所发挥的效能当然远远超过你只用一挡、二挡而把转数拉到六千的时候。

多感官思考

当你用传统单一感官来学习的时候，就像是开车只用一挡、二挡，不管再怎么努力把引擎转数拉高，顶多跑到四十公里或五十公里，就会伤害到引擎。

如果你懂得用多感官来思考的话，就像把引擎换到五挡、六挡，很容易就可以将时速开到一百五、两百公里，但是你的引擎转数还是很低。快速记忆就是用多感官来学习，然后创造一些原本不存在的事件，在心中去虚拟一种现象，造成深刻的印象，经由这个虚拟的印象，再来引出原本所要记的原始资料。

比如说，我们看梵·高的《露天咖啡馆》这幅画，你一定会想，看画当然是要用眼看的，可是当你在看画的时候，有没有闻到画里的咖啡香？有没有感觉到夜晚的凉风吹在你的皮肤上？

闻到咖啡香了吗？

如果除了眼睛之外，能够同时运用其他感官，对这幅画的印象一定是很深刻的。因为你就好像置身在那个咖啡馆，闻着咖啡香，吹着凉风，甚至可以想象自己就坐在那里面喝咖啡。

当我们可以这样去思考、去记忆的时候，这幅画你一定会很难忘记!

学习方法决定学习成就

我们的头脑，每天要学习很多很多的东西。有的人学得很快、学得很好，有些人却学得很吃力。在处理事情的时候也是一样，有些人做起事来好像事半功倍，有些人却正巧相反。

我们可以来评估一下两个头脑的效率：为什么同样的事情，给不同的人去学习，会产生差异？这是两个头脑品质的差异吗？

仔细去思考，会发现生活中有许多类似的例子。

假设现在有一台硬件设备很好的电脑，比起其他电脑，当然它的品质比较好。可是，如果这台配备精良的电脑使用古老的操作软件，另一台配备没那么好的却使用最新最好的软件，用这两台电脑去处理信息，你会发现，那台硬件比较差但软件比较强的电脑，处理信息反而快。

人脑也是一样。每个人的聪明程度并不会差很多，而**学习方法造成了成就上的差异**，也就是差别在你用什么样的方式来处理你的信息。用最新的逻辑和软件处理信息，会比用十几年前设计的老旧软件要快得多。

用键盘录入文章，比起用扫描器，当然是扫描快得多。就电脑本身来说，硬件设备并无不同，是输入方式的问题。用手去输入资料较之用扫描器去输入，自然是用扫描器会比较快。

同样的，学习知识时，若是用这样的比喻来套用，头脑本身并无太多差异，只是学习方法不同。如果你能够对事情有整体的感受，学习效率就会比较高；如果对事情没有整体感受，只是用线性逻辑去输入知识的话，效率自然就低。

快速记忆让你充满动力

现在我们已经很清楚，学习方法对学习成就有多么重要的影响。所以，**选择一个好的学习方法是很重要的**。

我可以非常有信心地告诉你，快速记忆就是一种有效的学习方法。但是你光知道它有效是不够的，你要对快速记忆产生信心，加上对目标强烈的动力，才会让你的学习事半功倍。

快速记忆可以让你**花比较少的时间，得到比较高的留存度**。记忆留存度不同，信息留在脑中的量也会有很大的差别。这种留存度跟本身的智能以及智商是无关的，但是跟你的动机——你对事情的关心度——却有相当大的关系。

如果你对一件事情有非办到不可的压力，就具备了很强的动机。比如你一定要考试以拿到一张证书，否则就会影响到你的生计和生活品质，降低你的社会地位，那么你会产生很高的关心度与很强的动机。当这些条件存在的时候，再来从事快速记忆的训练，就会比别人有更多成功的因素。

要学一个东西，**先决条件是要引起兴趣**。兴趣都没有，再多的努力都是没有用的。另外，还要能培养他的愿景，也就是让他知道学这些东西，能得到什么样的好处。

人为什么需要设定目标？因为有了一个美好的愿景在前方，他就会觉得信心十足、动力百倍。一旦人的动机很强，做任何事情都会全力以赴，以这样的态度来学习，自然也就容易成功。

牛刀小试 4

仔细观察下列的图案五秒钟，然后合上书本。五分钟后再写下你记住的东西。

解说：

最难忘的一定是那个踢榴梿的足球员。因为，你记得最牢的东西一定是出乎意料的东西。足球员照理说踢的应该是足球，但是他偏偏踢了个榴梿，所以这个图像一定最令你印象深刻。

五、消除学习障碍

我们的大脑是失控的

根据马斯洛的理论，人的需求会由生存渐渐提升到自我实现的层次。就社会学的观点来看，学习的确是一件值得投资的事业。

我们生来就具有一些本能，像昆虫、鸟类，它们生下来头脑就储存了一些“know how”，教它们去使用身体的器官。所以鸟会飞，老虎会捕猎，鸡会叫，猫会抓老鼠，狗会闻东西、会追兔子。这些大部分都是遗传下来的信息留在它们的头脑里面，不然怎么会没有人教，就有生存的本能?

唯独只有头脑，人类的祖先没有教我们如何使用。

当一个主体的头脑在储存、使用其他感官传递信息时，会产生一个矛盾的现象：只顾着处理、储存其他感官所使用的方法，而没有在意这个头脑本身所使用的方法。这就相当于，一个电脑打开了，可以控制灯光、音响、冷气，可是唯一不能控制的就是它自己。

这就牵涉主动控制的问题。一个人可以主动控制他的味觉、听觉、嗅觉等感官，或者是心脏、肺脏等器官，但是他却没有办法去控制自己的思维模式。这是一个非常大的矛盾。

学习的三大障碍

我有时候会有这样的想法：也许人生下本来就不是被设计来念书的，念书这件事是人创造的。

人类是被设计来感受周围的事物，像鸟一样快乐地飞翔，像野兽一样在原野中快乐地成长，在实际生活中获取经验的。这样的学习方式原本就比较自然，而且我们易于接受。

学校是人发明的，书本也是人发明的，但却有大部分的人，并不善于去接受人工所赋予的知识模式，所以造成学习的困扰。也许我们应该回到原始，利用上天所赋予的一些学习模式，用更自然的方式去接受知识，这样我们就能更轻松、更愉快地学习，而且可以很容易变化为生活上的本能。任何事物一旦成为本能的反射动作，就不会遗忘了。

学习最大的障碍有三个：一学习阶梯过陡，二缺乏实体物，三学习动机不够强烈。

第一，**学习阶梯过陡**。就是学习内容的难度增加太快，造成无法接续。思考跟不上，因而放弃学习。

第二，**缺乏实体物**。就是对于学习内容，只有文字供纸上谈兵，无法使学习者看到实体物产生联想，因此会昏昏欲睡。

例如读了一堆有关飞行的书籍，但却看不懂，也不能体会，所以学习无力，昏昏欲睡。

可是一旦真的进入驾驶舱参观过，便会感到极为兴奋，学习兴趣大增，效果自然明显。

第三，**学习动机不够强烈**。若是没有对学习之后会产生的实际好处或利益有所体会，学习动力将打折扣，也无法激励学习者取得学习效果。

而一个人一生的成就，决定于以下三个关键：

第一，他跟着什么样的人来学习。跟什么样的人在一起学习，就变成什么样的人。

第二，他学了什么方法。学习成功者一定有方法，功课好的人、能力强的人，一定有好的学习方法。

第三，他有没有下定决心改变自己的强烈意念、决心。

我们之所以要学习快速记忆，正是因为我们还不知道如何去控制自己的思考模式，因此会造成我们在学任何知识时，用一些没有效率的方法来学习。

所以，一定要能够**"让你的头脑听你的"**。让你的头脑能够自主地去记忆、去思考，能够按照你想要的方式去处理这些信息。想记住就记住，想忘记就忘记，这样就能大大地提高学习效率。

快速记忆让你信心倍增

我们的社会在不断地进步，信息不断涌现。**现在我们一天之内所接收到的信息量，是一个十五世纪的英国人一辈子所接收到的信息量**。

信息很多很快，社会变动和人类思考的模式也愈来愈多、愈来愈快。

当你赶不上别人的时候，你会觉得你的竞争力丧失了。

很多应该记得的事情、应该懂得的事情，好像没有办法在一个有效率的时间内学会或者记住。在工作上，很多别人做得到的事情你做不到，自然就会对自己的评价产生折扣，甚至影响生活品质跟情绪的好坏。你开始产生不确定感、惶恐感，因为设定的目标无法达到而对人生丧失信心。

所以，一个有效率的头脑，不只是让你产生信心，而且是让生活品质全面提升的保证。

从此拥有秘密武器

如何达成一个有效率的学习模式？这可以经由系统化的训练来做到。训练之后，你会知道如何更有效率地使用头脑。

学了快速记忆法之后，你会变得更有信心。

怎么说呢？假如我们遇到两个流氓，这两个流氓带给你的威胁可能不一样：一个带枪，一个没带枪。带枪不带枪，一下子你可能看不出来，但是很明显，他们讲话的语气跟说话时的眼神就不一样。

可以这么说，你学了快速记忆法之后，就变成一个“带枪的流氓”，看起来更凶狠！你的眼神会更锐利，庞大的记忆考验，对你来说轻而易举，你会觉得没有什么事情是难得倒你的，为什么？因为你有一把“枪”。

当然你也不用常常去炫耀它——真正有枪的人不会到处跟人家说“我有枪”。但此时的你确实身怀绝技，无所不能。

快速记忆让你学得更容易

在我的生活经验中，头脑思考灵活的人，并不一定是书读很多的人。在他们的生活历程中，那些“人工”的知识并没有对他们造成太多的影响，因为他们可能原本书就读得不多。但也正是因此，他们也并不需要在意人类所创造出来的这些学习模式，反而可以用一种原始的生活经验，来获取生活所需。

人类文明进化到现在这种高度发展的境界，自然很多东西没有办法用原始的形态来表现。比如经济学、会计学，这种已经是高度社会化的知识，是没有办法用我提过的这些原始意象去表现的。

但是运用快速记忆，你还是可以将这些概念**简化成为原始的感觉和图像**，让自己比较方便地去学习。也就是说，在学习上，**快速记忆等于是抄了一个捷径**。

经由这个捷径，可以花最少的时间，学到最多的知识，对生活、对工作充满信心，觉得人生充满希望。

我们希望快速记忆给你一个未来的愿景，你可以从这本书里头，充分地测试到你的记忆力，甚至可以利用一些小方法来锻炼记忆力。我们当然也希望这本书可以让你有所得，而且能够在学业和考试上、工作上、生活上运用这些技巧。我可以十分确定地说：

只要能够善用快速记忆这一套方法，充满自信的生活是可以预期的！

牛刀小试 5

看看下面十个人，花两分钟研究他们的脸、名字跟职业，然后在下一页的方格里填上他们的职业和名字，测试自己记住多少。

人物的脸					
职业					
姓氏					
人物的脸					
职业					
姓氏					

第三章
快速记忆技能分解与练习

一、全脑思维训练

主动控制的意义

想要做什么就可以做什么，叫作主动控制。

我要握我的手臂可以握，要抬我的左脚可以抬，这些动作都是被我的主动意志所操控的，这就是主动控制。

主动控制的操作关键当然还在于大脑，大脑就像一个中央控制系统，可以操控身体的各个感官。

除此之外，我们能够主动控制这些动作，最主要的原因是，可以看得到这些器官和动作，所以可以自由自主地控制它、操作它，把它修正成我们最想要的肢体动作。我要跳芭蕾舞，可以在镜子里看到自己的舞姿，可以修正自己的动作；想要弹琴，可以从视觉中看到自己的手指，从听觉中听到自己弹出来的音乐，所以可以修正错误。这些都由我们的头脑来控制。头脑可以控制身体上的一切行为，但现在的问题是，**我们要如何主动控制我们的头脑？**

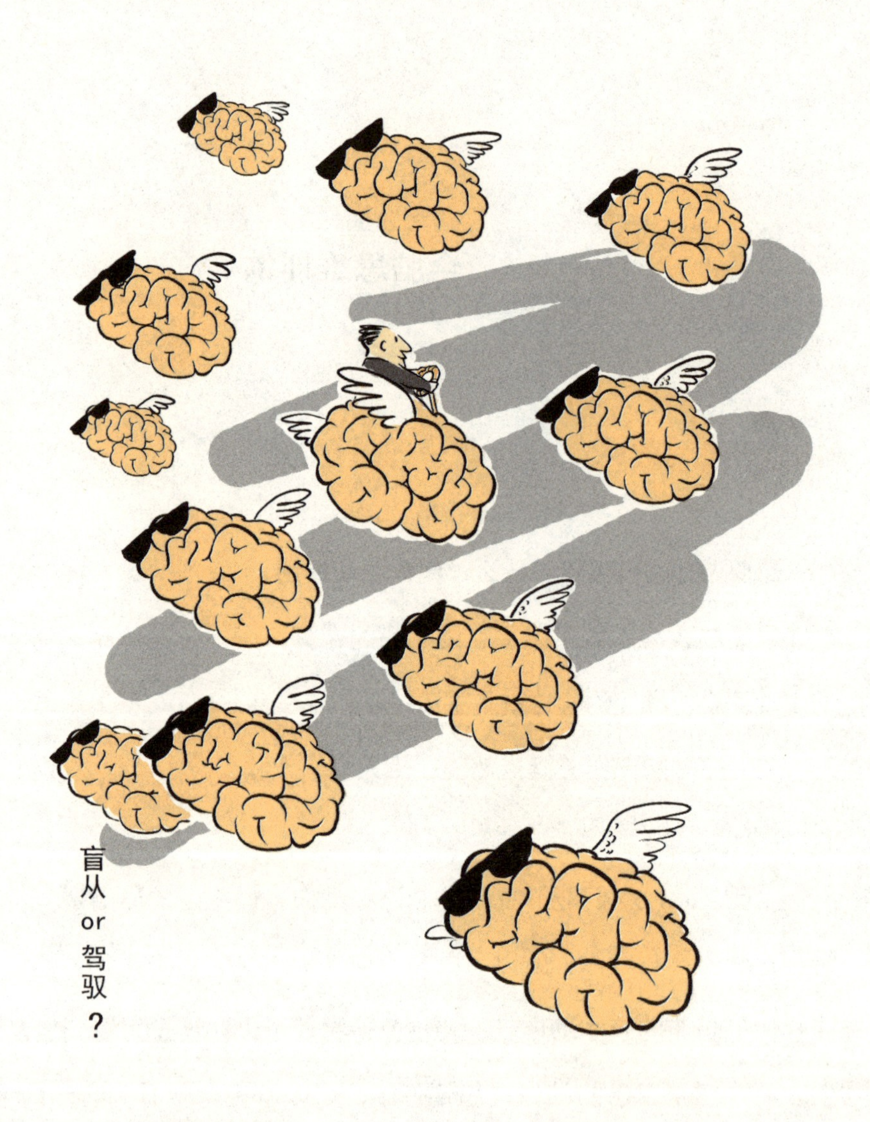

看得到的事物，我们可以控制它，但是头脑在头壳里，看不到它，我们该如何去控制一个看不到的东西?

被动开启的脑

我们人类常常会被动性地记下突然发生的意外事件，一些灾害，或者是难以忘怀的罗曼蒂克场景。

比如你听到消防车鸣着笛地从马路上经过，接着看到房子失火，消防队正在灭火。你亲眼见到了这个事件发生的经过，看到消防队员在灭火，亲身感受到人命关天，闻到了房子在火中燃烧的味道，听到救护车的声音，有人在喊救命，有人在哀号……你对这个火灾现场的印象一定非常深刻。如果你没有亲身经历，而是从报纸上、电视上看到，是比不上你置身现场所体会的那种强烈感觉的。因为当你处在情绪高昂或者激动、紧张的氛围中，你会被情境所影响、所激发，所以会对那个特定场景有深刻的印象。

在那个时候，你所有的感官都用上了。

比如你会特别记得某一次令人难忘的约会，会记得当时跟那个女朋友约会时所喷的香水、那时最流行的音乐、当天喝的酒的感觉，也许还会记得当时对方穿的衣服或者身体上、头发上的味道。

因为你被这个环境所激发，所以你**被动地启开了你的脑**。

化被动为主动

这样的情形如果只是被动地出现，当然无法对我们有任何帮助。因为那完全是随机的、偶然的。我们必须能够由我们的自由意志去控制它，当我们想要让它出现的时候，它就会出现，这样才能够借此来增进我们的记忆。

事实上，我们可能永远无法随心所欲地控制我们的脑，要它记住就记住，要它印象深刻就印象深刻，但是我们可以经由那个印象深刻的环境来锻炼我们的感官。

也就是说，你要主动控制你的头脑，必须经由某些手段来实现，你要经由五官——这些你接收信息的途径——来制造你对这件事情的强烈印象。换言之，你先是主动控制你的感官，让它们间接帮助你主动控制你的脑。

因此，如何主动控制你的脑，又牵涉你如何主动控制五个感官（视觉器官、听觉器官、嗅觉器官、味觉器官、触觉器官），经由五个感官所获取的信息，拼凑出你要记忆的原始信息——主动控制的含义就在这里。

我们现在要教你的，就是这样的一套训练课程。

你要如何主动地启开你的脑？如果能够主动控制你的头脑，何时该用右脑思考，何时该换左脑思考，你就可以运用自如。或是何时该用眼睛，何时该用耳朵，你的感官可以随时随地换挡，让你想要记忆的事件都能留下深刻的印象。经过这样的训练之后，你的脑部运作相当于一个可以自由操控的主体，这样，才能成为一个全脑思考的人。

你常用左脑还是右脑

平常我们在思考事情的时候，你无法察觉到自己使用的是左脑还是右脑。你是一个左脑使用者，还是右脑使用者？这里有一个小小的测验，你可以试试。

在视线可及的墙上找一个点，伸出你的左手拇指对准那个点，然后闭上左眼，看看你的拇指跟那个点差多少？当你双眼张开，对准一个点的时候，事实上你是用你所习惯的左脑去对的。我们说要对准那个点，要把手伸直，距离眼睛一米左右才会准。

通常，你会发现，两眼直视的时候，你的手指当然是对着那个点。但是当你闭上右眼，你的手指就会向右移动，而闭左眼的时候，手指还是在原来的地方。或者情况正好相反：闭左眼往左移动，闭右眼时，手指却不动了。

如果你是第一种情形，会偏右，那么表示你是一个左脑使用比较多的人；如果是第二种情形，会偏左，那么表示你通常使用的是右脑。当然也有一些人，他两边都会移动，那么就代表他平常在思考的时候，左脑和右脑都在发挥功能。

你也试试看，测试一下，你是右脑使用者，还是左脑使用者。

左脑、右脑大不同

人们大概都知道，我们的右脑跟左脑管的东西不一样。

左脑主要管的是**分析性思考和语言功能，包括文字、数字、逻辑和推理**，所以我们的阅读、书写和说话就是由左脑来运作；右脑管的主要是**跟意象、图案方面有关的辨识，包括色彩、空间、方向感、音乐、美术，还有创造力**。因此也常有人就这一点来判别一个人思考的方式，甚至他所从事的行业。比如说，诗人、音乐家、艺术家，这些富有创造力的人便是右脑开发者，因为他们在色彩、空间、音符各方面都需要比一般人更多的敏锐度。他们也需要比较多的感性去体会、去感发。而偏向理性、算术的，如律师、医生等，就是左脑发达的人。他们常常要面对的都是非常精确、需要下判断的情形。而且每天在脑子里打转的可能都是一些数字、药品、实验等需要分析推理的东西。

但是，即使左脑、右脑管的东西各不相同，要进行创造性的思考，则必须仰赖整个大脑的合作。

主动控制，多感官思维

我们可以回头来看看那些令你印象深刻的“灾难”，或是令你难忘的记忆。你为什么会被动记得那些事情？因为事件所发生的“点”，是你被迫记住的，你被那个环境所激发，而将全部的感官调动起来，所以印象会很深刻。

由此，你可以抓住一个重点：**如何让你印象深刻？如何主动控制你看不到的头脑？**

印象深刻的原因在于事件发生的时候你开放了全部的感官，不自觉地用上了所有的感官。也因为全部的感官一起在记忆这些事情，当然会比你光用眼睛看报纸或电视、光用耳朵听新闻主播播报事情的经过要来得“触目惊心”。

因此，要主动控制它，就是要让它能主动去激发你全部的感官，让它帮助你记住所有该记的事情。

提升你的感官敏锐度

在训练的时候，我们会要求学员练习观察一个场景。

在这个训练中，我们所谓的“观察”，跟传统的观察是很不一样的。既然是观察，自然这个训练是由眼睛来启动。但是，最不一样的地方是，一个没有经过训练的人去观察事物，只知道用眼睛去看，因此他只会讲出他看到的东西。经过训练之后，他就会知道，当我们在观察一个场景时，不只要用眼睛，你的耳朵、鼻子甚至你的皮肤都要参与这个场景的观察。

因此，训练过后，他能够讲出他听到的东西、闻到的东西、尝到的东西，甚至事件的前因后果，或是将会发生什么事件。经由这样比较深入的观察，同时也是不同角度的观察，在面对一个主要事件时，你会发现能用的工具和路径，以及记忆的效率是一般人的好几倍。我们就是借此来训练学员提升对场景的敏锐度。

当你的场景敏锐度提升到常人所无法到达的等级，你会发现五官使用的频率和灵敏度大大超过没有训练过的人。之后，你可以在这些感受的基础上去创造一些联想。通过**这些由自己制造出来的东西，再跟多感官结合，你就能主动控制你的脑**。

牛刀小试 6

你是不是一个好的目击者？

先仔细观察下面两张图，试试看你记得多少？翻到下一页回答问题。

问题:

1. 路过车祸现场的车子是什么样的?

2. 其中是不是有一辆车要右转?

3. 你记得车子的品牌甚至车牌号吗?

解说:

这两张图是用来训练你的观察力的。看图的时候，你看到摩托车骑手，那么你可以想象听到摩托车呼啸而过的声音，接着你看到两辆汽车发生碰撞，注意到其中一辆车闪着车灯，你可以想象它的闪光刺痛你的眼睛，那么当你在回想的时候就会记得它有闪灯。至于车子的品牌甚至车牌号，因为碰撞时一辆车子刚好看不到车牌号，于是你会记得唯一看得到的车牌号。

二、图像化思考训练

虽然左脑、右脑并存，但是一般人在思考的时候仍然会有个“惯性”存在。也就是说，习惯用左脑思考的人，就很少去注意一些图像上的问题。

当我们在面对一个问题时，脑部的自然运作多半是左脑。因为我们必须去分析、推理和思考。因为用文字或运算已经是一种我们很熟悉的解决问题的方式了。但事实上，慢慢你会发现，右脑的图像辨识可以减轻许多负担，甚至在你记东西的时候能发挥令你难以想象的功能。

记忆的三种境界

第一种境界——看山是山。

对于呈现在眼前的所有信息，往往只见到表面的文字，这是我们最原始的记忆状态，也是一般人一开始的学习方式：不顾一切，囫囵吞枣地努力记忆。

于是文字本身所造成的感应有多强，就注定了它们被留存在脑中的时间长短。也就是说，容易理解的、印象深刻的，自然而然就记住了；不容易懂的，就得死记硬背。

前者在一般人的判定中，就属于好记的；后者，就是不好记的。因此，在记忆的过程中，信息本身的好记或不好记，决定了它会被记住或被遗忘的命运。

像这样子，只用文字表面来记东西，我们说它是“看山是山”。怎么说呢？就像他见到一座山，可是他见到的就是那一座山，这山长得什么样子，给他什么样的感觉，他完全没有去体会，而只是很努力地记住了：他看到一座山。

第二种境界——看山不是山。

比一般人更主动、更积极的是学习的第二种境界，也就是当他看到文字、听到语言的时候，会试图把它转换成图像来储存。也就是说，当他接收到信息的时候，会先以左脑的逻辑推理能力来做理解，再以右脑储存这些信息的图像，当成回忆的线索。

这样去处理信息的好处，首先是，这些信息经过左脑的理解和思考，它跟你不再是毫无关系、毫无互动的，经过你的消化和解读，它变成了你自己的东西。问题只在于：你能够将这些已经内化在你脑袋里的东西保存多久？

再则，这个信息既然已经经过你的解读，准备储存。储存的时候，不再只是运用左脑的思考和运算，你可以用右脑为它编织一些影像。这个过程就像中国禅学所说的“看山不是山，看水不是水”的境界。

记忆到了这个程度，所有的信息就会非常鲜活、非常具有生命力。当你开始回想，脑海中也就像在播放影片一样。这时候的信息与你的关系是非常密切的，记忆也因此可以更稳定而持久。

第三种境界——看山仍是山。

记忆进入第三个阶段，已经自然地化为图像式思考。当这种图像式思考的快速记忆法成为我们学习的本能之后，处理信息几乎都是以反射动作来完成储存。

也就是说，当图像式的记忆不断地练习到不需要特别思考、解读的地步，就自然形成可以长期留存的记忆了。这样的记忆，我们可以称为直觉式的记忆，就如同禅宗最后一个境界：看山虽仍是山，但是一切道理却都已经了然于心。

爱因斯坦的图像化思考

当我们开始想要运用五官灵活地获取信息时，首先必须要进行的是图像的训练。也就是练习进入记忆的“第二种境界”，让信息变得更为鲜活清晰，这样，当我们开放我们的多感官时，才能有最具体的效果。

根据爱因斯坦的描述，有一回，他读到一则解说光波的定理，马上就开始想象自己驾着光波航行，遨游在太空之中，但在遨游的时候，他仍然频频回头看着身后的光波。后来，爱因斯坦逐渐发现了光速、物质、能量等一系列的理论，但这个非常简单的意象仍旧时常出现在他的脑海中。

换言之，这位伟大的天才，他的思考秘诀之一就是把抽象化为具体。另外，一些下棋高手可以在棋子还没走到那一步的时候，就预先“看到”棋子要怎么下。还没有发生的事情他当然看不到，很显然，在这些棋手的脑中自有一副棋局，他只要把对方预先想到的棋步，先在脑中模拟一遍，自然就等于是“看到”棋盘的走势了。

当然，这个图像式思考，绝不限于像爱因斯坦这样的天才或者一些下棋的高手。一般人只是没想到可以利用这样的方式去处理进入他脑中的信息而已。

流行歌曲的图像化表达

那些朗朗上口的流行歌曲，如果仔细研究分析的话，你就会发现，歌词的第一句或是它的歌名，一定是可以“看到”的事物。

比如张学友的《吻别》，第一句是“前尘往事成云烟”，“云烟”就是一个名词。因此，仔细斟酌这句歌词就会发现，它是一个把抽象的东西转成具象的过程。

将抽象的东西转成具象有什么优点?

这些抽象的东西一旦转化成具象的东西，一些复杂的概念马上就能很轻松地以画面映入眼前，让你好像可以看到它。看到的东西自然比你想到的东西记得更久。这就是长期记忆的一种技巧，也是图像式思考的一种延伸。

我们再回来看看张学友这首歌的画面。张学友这首歌的 MTV 拍得很漂亮，他跟周海媚的画面很容易就让人印象深刻。相信只要在 KTV 点过这首歌的人，看到这个画面一定很难忘。这就是一种长期又有效的记忆。

以画面来构成对整首歌的感觉，原理为何？因为画面留存的记忆久，这样才能让流行歌曲深入人心，印象深刻。

图像产生更深刻的记忆

事实上，视觉经验主导了大部分人的生活。你会发现，每天我们眼睛看到的东西，比其他感官接收到的信息要多得太多。所以在前面我们提到过，要让你的感官换挡，在接收信息的时候，除了用眼睛，更要开放你所有的感官来帮助记忆。

这个地方再次提醒多感官的重要性，主要目的不只是在强调换挡的重要性，而是告诉你，其实我们在接收信息的时候很自然地就会以眼睛为媒介。经过眼睛，或者其他感官所接收到的信息，可能是一个片段、一句话、一篇文章。当你在储存的时候，如果能够还原到用眼睛看的图像方式，这样的记忆必然最具体又最鲜明。

当你开始发挥想象力，把一段文字化成图形时，首先这个图已经与你发生密切的关系——只要与被记忆的东西发生某种程度的关联，要忘掉它就很难。再则，当我们运用图像方式去记忆时，同时也是在启动我们的右脑。因此，左脑接受了这些文字符号，右脑接着进行图像化的运作，等于是“左右开弓”“全脑并用”，这样经过一番处理的记忆，在回想的时候，自然就像在脑中播放图片或电影，只要记得这幅画里画了些什么，而不必去死记那些文字。

就像读一本小说，我们可能没有办法产生很深刻的印象，因为每个人对文字的感受力不同。但是，只要这部小说被拍成电影，相信它对你的影响一定比你自己去读小说要来得深远。

图像化思考——化抽象为具体

当我们开始使用图像思考的时候，你会觉得很多的信息变得更生动，好像“活”了一样。但是，图像化思考并不是毫无障碍，你可能遇到的第一个障碍就是，在你的记忆库里，关于图像的资料并不多。如果你要形容图像的素材在脑中已经具备，那当然很好，因为你可以很快地便以图像的方式去记忆所要记忆的东西，甚至解答你觉得很困惑的问题。

万一容量不足怎么办呢？

请你也要练习：想办法把你要记的东西化为具体。

把文字化为图像，跟把抽象化为具体，某种程度上是相通的。当文字无法化作图像时，它很有可能就是一种纯粹抽象的存在，不能形成具体的东西。这个时候，你只要试着拿出纸笔——既然没有办法在脑中直接转换，就想办法让它在你的眼前转换——把你的问题画下来。

记不记得以前老师教我们数学时常常会说：一定要画图！

举个例子来说，假设阿珠的身高是现在的两倍时，她就会比阿花多出十英寸，而阿花目前的身高比阿珠多十五英寸。像这样的问题进入你的脑袋的时候，你一下子可能会觉得头昏眼花，而且就算你很努力地要想象阿珠和阿花的身高，再怎么想也无法把她们两个人图像化。这个时候其实很简单，想起数学老师的话，拿起笔，在纸上画个图，就把这段叙述文字画成线条，你很快就会“看”到答案：阿珠身高 25 英寸，阿花身高 40 英寸。

10英寸
15英寸
10+15=25
(阿珠身高)
25×2-10
=40
(阿花身高)

当然如果你的头脑够灵活，你的图像式思考已经出神入化的话，不画这个图，在你的脑中也自然会呈现出她们的身高。但是如果你的脑子里缺乏这方面的素材，你就只能用类似这样的方法来加强训练。其实意思是一样的，只是一个“画”在你的脑袋里，一个“画”在你眼前的纸上。

工笔画与抽象画

画廊里的画，有些是比较细致的，一笔一画都非常工整，有的甚至画得跟照片很像，这样的画我们通常会说它是比较工笔的。而有的画就是大笔一挥，有时是抽象的色块、颜料，有时又只是一片水墨的渲染，这样的画，我们说它是比较写意的。

当我们要把信息转为图像的时候，工笔要比写意好。因为一幅写意画强调的是意境，这种意境大概就是你心灵上的一种共鸣，不太容易形成一个很具体的印象。也就是说，对你的记忆没有直接的帮助。若是抽象画，就更不用说了，画的是什么可能你也看不懂，或者每个人的“看”法也不同。那其实就像进入脑中的原始信息一样，没有经过解读，而只是一些抽象的符号，这样，对你的记忆当然也不会有什么帮助。

所以，要让图像式记忆产生最大的效果，你一定要学会画工笔画。比如说，我现在让你想象一朵花，你就要在心里假定自己真的看到一朵花。它是什么颜色？有没有叶子？花的形状是大还是小？有几瓣？种在花盆里还是草地上？旁边有些什么其他植物？有没有蝴蝶在飞？诸如此类的想象，就是要训练你能不能去“画”一幅工笔画。如果你在描绘的过程中注意到许多细节，那么你所构成的画也就更生动。当然，一旦你养成这样的想象习惯，你就又有了一项更有力的记忆工具。

图像式记忆——视觉化练习

在运用图像式思考的时候，你会渐渐感觉到想象力的重要。同时因为想象力的发挥，你也会发现图像记忆的力量愈来愈强大。当你的图像式思考可以运用得很纯熟时，你就可以更进一步地加以变化应用。

信息转化为图像是第一步。接着，你可以试着在这由信息转化而成的图像上，加上一些变形或夸张，用来强化你的记忆。比如说，如果你常常忘记带笔，那么你就可以随便把一支笔想象成跟你熟悉的某栋大楼一样高；如果你早上要去加油，你就可以想象你要喝的牛奶是用加油枪注入你的麦片粥中的。

类似这样的想法，就是在扭曲物体本身的性质，让原本平淡无奇的事物，依照你在记忆上的需要作调整，或是把你要做的事情跟时间做联结。总而言之，改变与联想可以帮助你去挑战事物的平常印象。一旦记忆变得不寻常，你就不容易遗忘。

牛刀小试 7

现在总共有八个人，请你从以下提供的这些条件，推论出这四对男女谁与谁是夫妻。

这八个人中，四位先生分别是林桑、柯桑、大伟、吴医师，四位太太分别是玲玲、阿娇、淑华、玉芬。

阿娇是柯桑的妹妹，有三个小宝宝；林桑和他的太太没有小孩；林桑的太太和淑华没有见过面；淑华和柯桑有婚外情，玲玲知情，想要通报柯桑的妻子；柯桑和大伟是孪生兄弟。

解析：

解题的时候，这八个人的名字一定让你头昏脑胀，排来排去搞不清楚。

这个时候你要想办法让这个问题图像化，方式很简单。

你可以画一张表格或是矩阵，横的列上四位男士，竖的列上四位女士，并依照这些条件在上面做记号。

关系 ♂ ♀	林桑	柯桑	大伟	吴医师
玲玲				
阿娇				
淑华				
玉芬				

阿娇既然和柯桑是兄妹，就不会是夫妻；所以在他们交会的地方打“×”。

林桑和他太太没有小孩，所以阿娇不可能是林桑的太太。两人交会的地方也打“×”。

林桑的太太和淑华没有见过面，所以淑华一定不是林桑的太太。淑华和柯桑有婚外情，所以淑华和柯桑也一定不是夫妻。

玲玲想要通报柯桑的妻子，可见玲玲也不是柯桑的妻子。至此已经可以看出柯桑和玉芬是夫妻。因为她是过滤后唯一人选。所以我们可以在他们俩的交会处打“○”，同时在玉芬和其他男士的交会处打“×”。如此，我们又可以看出林桑与玲玲是一对。

柯桑和大伟是孪生兄弟，那么阿娇也一定是大伟的姐妹。所以阿娇的老公一定是吴医师，那么大伟的太太就是淑华了。

人物	林桑	柯桑	大伟	吴医师
玲玲	○	×		
阿娇	×	×	×	○
淑华	×	×	○	
玉芬	×	○	×	×

三、激发创造力训练

创造力强，记忆力更强

其实我们会渐渐发觉到，一个很多事情都能处理得很漂亮的人，他未必学历很高，但是这个人通常都很有趣。他的有趣，可能会表现在他讲话的幽默和他做事的创意上。因为这些创意，你会感觉跟他相处轻松愉快，因为他总是有出人意料的想法，让你拍案叫绝。

很多人会觉得记忆力是一些死脑筋的人才会想的把戏，跟想象力没有任何关系。可是事实上并非如此。你真正深入到记忆的领域来研究之后，就会知道，记忆好的人，一定有过人的创造力。甚至我们可以这么说：**记忆，来自源源不断的创意**。

记忆力的基础是创造力，记忆力跟创造力是密不可分的。

一般没有经过思想疏通的人，大概会觉得这两者之间没有任何的关系——这是很正常的现象。就像枕头和水壶，时钟和铁钉，乍看之下是八竿子打不着的，在我们的生活中也不会把这些东西联想在一起。但事实上，它们也许可以借由某些关系串联起来，创造出出人意料的效果——

只是通常我们想不到罢了。

创造一些“与众不同”

那么，什么是创造力呢？所谓创造力就是：对相同的事物做出不同的解释及应用。我们日常的想法，难免受到自身经验的局限，不论是操作机械还是应对进退，既定的想法总是主宰我们的思考。因此，对一般人来说，日常所见的各种事物，包括感官，它的功能性都已经被定型了。哪些东西该怎么用，到火车站的路该怎么走，到哪一家超级市场去买罐头，似乎都已经一成不变。

这些一成不变确实带给我们不少方便，我们可以很习惯地就往这往那走，去买这个买那个东西，而不用浪费很多的时间。但是这种既定的习惯，往往也是我们发挥创意思考的致命伤。比如说，我们都知道盒子是拿来装东西的，锤子可以用来敲东西。你就不会想到盒子也许拆开又是另一件玩意儿——这就是所谓的**功能执着**：不带任何想象力，而只顾着使用它。

如果我们可以发挥多一点想象力，其实可以多出很多乐趣。你也会发现，若是常常能够突发奇想，很多东西就不再那么呆板，甚至会觉得生活好像突然热闹起来，因为你有太多的东西可以“玩”了。

我们来做一个测验：

给你一根钉子和一条尾端系有钟摆的钟。现在我要求你，就用这些东西把钉子敲进墙里，然后把钟吊起来挂在钉子上。

你看到钉子、钟摆，可是没有锤子。没有锤子，你怎么才能把钉子钉在墙上？

想到了吗？

有一个解决方式：把钟摆当锤子用。

你是转换你的固定思考模式，还是死守着固定的想法？如果你没有动一点脑筋，当然你就会觉得，没有锤子，根本没办法钉东西嘛。

能够想到“把钟摆当锤子”用，你的脑筋必然要转个弯。

在这个测验中，可以看出你是不是能够发挥你的创造力，赋予事物更多的功能，或者是，对你而言，锤子就是锤子，钟摆就是钟摆。

忘记了
看我钢铁拳！
钟摆，出动！
你认识哈利·波特？

创造力 = 观察力 + 想象力 + 联想力

要提升记忆力，不是只专注在记忆力本身的训练而已，在其他方面也需要有同等质量的训练，这样当你回过头来检视你的记忆力时，就会发现记忆力已经在不知不觉中呈倍数增长。比如在锻炼你的记忆力时，观察力必须好好地训练，让你的好奇心能够勾引出令你印象深刻的画面。其次，你的想象力、创造力、联想力也是必须同步演练的。

观察力建立在视觉印象的基础上，在运用时则是注意感官的共同发挥，也就是观察之后用多感官帮助记忆。至于想象力、创造力、联想力，我们要先理解一些有悖于脑袋原本运作模式的思考方法。

一般我们常说的死脑筋，就是说你总是守着事物既定的功能，而不能灵活地加以变化。

我们的创造力、想象力如果能够经由有效的练习，就能在解决问题时以一种开放的角度，去搜索任何可能的答案。因此，你要问创造性思考对记忆有什么帮助，因为运用了你的创意，你可以简单地把许多事物做更活泼的联想，而经由这些更活泼的联想，你的生活会整个灵活起来，你的思考会更活跃，记忆自然就更深刻。

像这样的思考方式，我们称作发散性思考。这样的发散性思考，可以帮助你在日常生活中发挥更多的创意，把不同事物作联结，进而巩固并加强你的记忆。

垂直思考——重视前因后果的推理

当我们面对一个问题时，最常用的方式还是所谓的逻辑思考。什么是逻辑思考呢？在这种思考模式中，首先你要知道面对的东西是什么。接着就一环扣着一环，往下探求答案，直到答案出现为止。就像采油矿，一定是一直往下挖，直到看到石油为止。

所以我们说垂直思考是比较具有因果关系的思考模式。因为它是在原本的命题之下，一种往下做延伸的逻辑推理式联想。在这个联想当中，每一个思考的结论彼此都是息息相关的。

可以这么说，**垂直思考就是在找答案，即沿着一定的脉络轨迹来找答案**。这种垂直思考注重的是找到一个解决的方法，不然就是，最后一定要有一个结论。因此在这个思考的过程里，每一个步骤都必须朝向唯一的指标前进。

这个思考方式的好处是可以把一个问题弄得非常清楚，而缺点则是，当你这个洞怎么挖都挖不出石油，而你还在努力不懈地往下挖时，最后很有可能是徒劳无功的。

水平思考——许多向外放射的可能答案

水平思考又称为发散性思考，它是一种富于创意的思考模式。因为它的特色就是在一般的思考情境之下，去做横向的拓展。

也就是说，它不会固守在原本的命题之下去找答案，相反的，它会依照原本的命题做一个水平移动，在这个移动中去思考与原本的命题同等地位、同等状态的可能方案。因此，相对于垂直思考使用的普遍性，水平思考其实是一种海阔天空的思考方式。因为它并不是一定要找一个答案，它可能在事情的一开始就假设了其他各种不同的可能性。

在你开始水平思考时，必然经过一番深思熟虑。只是这一番深思熟虑的过程，你必须挑战传统的答案，跳出一般的思考模式，如此才能够提出一个崭新的见解，而不是没有意义的天马行空。我们在思考问题时，常常会有惯性以及成见，因此，你运用水平思考的第一步，首先就是要敞开心胸，接受各种可能的答案，用有别于以往的新角度来看待身边的人、事、物，这样，你才会有创造性的发现。

简单地说，**水平思考就是要你跨越公式化的逻辑路径，摆脱它的限制，用一种别出心裁的方式来看事情**。如果说，垂直思考是在寻找油田时努力地向下开挖，那么水平思考就是在寻找油田时，并不把这个答案固定在某一处。他会想，沙漠里可能会有，海洋中也可能有，荒岛上，甚至一般人想都想不到的地方也可能有。至于谁会先挖到油田，当然是看他的技巧高明与否。

曼陀罗思考——垂直思考＋水平思考

听起来似乎水平思考比起垂直思考更有用，但是，水平思考并非万灵丹，很多时候我们还是需要逻辑推理才能解决问题。比如说浓缩洗衣粉的发明，之所以会有人开始想到去浓缩，就是因为在架子上摆这么大一包洗衣粉很占空间，于是人们就会努力地用垂直思考去解决这个问题。就占空间这一问题来看，他们就发现，只要能够浓缩洗衣粉，那么包装就可以变小，运费也可以省下来，携带也就不会那么不方便了。这就是利用了垂直思考来解决问题的例子。

可是在一般需要用到一些创意发明的时候，水平思考确实也发挥了很大的作用。因此，如果我们的脑部在运作时，能够同时交错运用这两种思考方式，对我们生活问题的解决是大有帮助的。也就是说，我们能够自主地判断，什么时候用逻辑思考来解决是比较快的方式，那就用垂直思考；当垂直思考行不通的时候，我们也能够很快地另起炉灶。

结合垂直思考与水平思考的方式，我们称之为曼陀罗思考。

它可以说是一种脑部运动量最大的思考方式。因为一方面它的放射性思考会往外放射延展，但同时，它还会垂直地往下钻。因此，就会形成一种既深且广的思考效果。

创造自己的记忆

当信息进入我们的脑子后，有些很容易就被忘掉，有些则不容易被忘掉。事情当然有大有小，你没有办法去控制它。可是如果更进一步地去分析这些事情，你就会发现，一件事情会让你记得牢或是记得不牢，跟这件事情经过你加工的成分有多少有非常大的关系。

比较之后，你就会很清楚，容易忘掉是因为，这些东西是别人创造之后赋予你的。而不容易忘掉，有几个因素：第一，这个记忆或者信息是你自己创造的，所以你不会忘掉；第二，这个东西对你来说很重要，同时你对它有切身的感受；第三，可能你认同这件事，你认同的事，或者你认同的人所做的事情、所说的话，会让你不容易忘掉。

当然，如果你不只是听人家说，或只是从书上、电视上看，而是亲身经历的那些事件，你的记忆也会特别鲜明。

所以我们可以简单地归纳出一个想法：**你自己创造的东西，你会记住；别人创造的东西，你却不容易记住**。

留住你创造的刺激

就记忆的主体，也就是你创造的一个事件，你可以充分发挥你的创造力，利用创造力去把玩这个事件，经由把玩的过程产生多感官的刺激，再经由多感官的刺激获得感受，让你对要记的东西产生很深刻的印象。你要创造一个事物并不难，难就难在，你要如何将你创造的事物所产生的感官刺激留在你的头脑中。

大家都知道收音机是靠电磁波在收发信息，这些电磁波存在于我们身体周围。因为我们没有收音机，所以无法获取这些信息。所以我们必须有一个感官，把这些信息获取到。

因此，眼睛可以因为光线折射造成的变化而产生视觉，耳朵可以因为声波振动而产生听觉，鼻子可以因为物质有气味而产生嗅觉，味蕾可以因为食物而产生味觉，身体可以因为物体表面结构的粗糙与细腻而产生触觉。这些感官，都是可以获取信息的。我们要学习的，是要**如何创造一个可以让五官获得感受的现象**。

让介质帮助你记忆

我们知道，要让记忆永志不忘，一个很重要的观念就是要让它印象深刻。要让它印象深刻，我们当然要在它原本的状态之下去创造一些原本没有的东西，才能加深我们对这个事物的感受程度。

要让你创造的信息使你产生强烈的印象，创造的方式有很多。其中最普遍而又最能够让我们产生很好记忆效果的，就是去创造一个让你的五官便于获取信息的介质。

什么是介质？介质是介于两者之间的物质。当一个东西单独存在时，不具任何其他意义，它存在的目的就是为了让两个物质之间有适度的关联性，那么它就是所谓的“介质”。比如你拿菜刀不能用手直接去拿刀刃，要能好好地掌握这把菜刀，使它发挥作用，必须借助刀柄。

刀柄就是一个介质。刀柄单独存在的时候，并不具备任何的意义，它完全是为了菜刀跟手之间的方便性而存在的。当你用手去掌握菜刀的时候，如果有个刀柄让你来控制，我们用起来自然就会比较方便。同样的道理，如果你直接用你的头脑去记书本的知识，就像用手去握菜刀，当然会滑掉甚至松脱，你没有办法好好地记住这么多的知识。所以我们要教你如何去创造一个介质，利用像刀柄这样的介质来扣住你要的知识。

介质是一个很有趣的东西，它会因为每个人的过往经验而不同，也就是将未知的部分联结到已知的部分。例如二十年前的一首歌可能伴随着失恋的心情而长驻你的心头，那么这首歌就是你最好的介质。经由这个介质，你就可以借这首歌的感受，回到当初发生事情的那个时空，还原当初的情境。

创造一个熟悉又有弹性的介质

介质如何创造？介质的创造当然有一些要点和方法。

首先，这个介质最好跟你的生活经验有关。比如，你曾经看到的东西，或者曾经接触过的东西，你可以体会它的形状、它的质感、它的味道。

有些人会用“汉堡”来代替“汉朝”所发生的事情。如果你没有吃过汉堡，当然就无法形容吃汉堡的感觉，总是要吃过汉堡，才会知道汉堡的味道。

这是最简单的例子。

所以，你要创造的介质必须跟你的生活圈子有关系，这样才能够从你原来的记忆资料库里面，轻易拉出这个介质所具有的特性。未来你要再做联结或是变化的时候，才会有比较丰富的资源可以使用。这是创造介质一个相当重要的技巧。

再则，你创造的这个介质本身，它的大小必须非常有弹性。也就是说，介质在你的思考空间里，它的大小能够做任意的变化，它的形态也可以做任意的变化，它的色彩、它的温度等，都能够随你的想象作出各式各样有弹性的扭曲。当你的介质经过想象力的转化，变大、变小、变多、变少、变长、变短，才能在你的脑袋里面很灵活地存在，同时可以跟任何可能的物质产生动态关联，这样，你创造的介质才会达到印象深刻的效果。

因此，我们要创造介质，第一个要跟你的生活圈有关，第二个要善于变化。这样你才能有效地玩转这个介质。

善用感官接收

介质创造出来之后，如果没有一个经过训练的五官去感受介质，以及与介质联结所散发出来的一些刺激和信息的话，这些刺激和信息也就只相当于空气中的电磁波——我们一般人的耳朵根本是听不到的，因为我们的耳朵根本无法接收空气中的无线电波。如果你的感官经过训练，就像收音机一样，马上就能够把空气中的无线电波截取下来，你才能得到你所要的信息。

如果要创造一个环境，你就必须开放你所有的感官去看、去听、去闻、去感觉。也就是说，你用上了身体上的各种感官去帮助你制造某个事件产生的环境。

每一个感官都发挥它的作用在记忆这个印象，这同时也就表示，你所创造出来的东西可以成功地让你留下深刻印象，当然这也意味着对你的记忆力有非常直接的帮助。

我们拿香蕉跟皮鞋来做练习好了。你当然可以想象成皮鞋踩到香蕉，甚至可以再联想到因为踩到香蕉而摔了一跤。

一个正常的、没有经过训练的头脑，他也许可以想象到皮鞋踩到香蕉后摔了一跤，想到香蕉可能塞到皮鞋里去……这都是一些常用的联结方式。

但如果经过训练，你不但会**看**到一个人踩到香蕉摔一跤，你还会想到一个人因为踩到香蕉而跌倒，然后**听**到“砰”的一声，接着你可以**闻**到香蕉皮臭掉的味道，你可以**看**到这个现象，甚至可以**尝**到腐烂的香蕉的味道，甚至还可以产生**摸**到手上都是烂香蕉的**感觉**。经由这样的思考，皮鞋和香蕉就形成一个你的全方位感官都能接触到的事件。能够让你的感官都用上的联想，就能够对你的记忆产生很大的影响。

发挥你的创意来思考

以上联想中规中矩，可能较容易掌握。如果碰到两个较难联系的事物，我们该怎么办呢？这就需要我们发挥创意了，夸张、拟人等方法都可以运用。

我们举一个例子，看看橘子和喇叭怎样做联结？我们可以这样想，橘子塞到喇叭里面，喇叭吹不出声音来。

当然，把橘子塞到喇叭里面去，印象并不会那么深刻。

于是，你可以接着想，橘子是一个有嘴巴的动物，把喇叭拿来吹，所以橘子吹喇叭，吹得橘子的脸部胀胀的，整个脸颊都逐渐变大。你可以听到喇叭被吹出来的声音，还可以闻到橘子的味道，当然你更可以看到这个橘子吹喇叭的滑稽画面！

这里头，吹喇叭、橘子塞到喇叭里，都是运用了**动词**来帮助你强化这个印象，把原本没有关系的两件事物通过动词作联结。那么在联结之后，还要能开放自己的五个感官去想象曾经有过的经验。

这就是善用感官去**捕捉**事物之间因动词而产生出来的感觉。这样的话，才能够对整个事件产生更深刻的印象。

牛刀小试 8

下面有十组字词，都是由三个毫不相干的词汇组成的，请在十分钟之内，从中找出一个可以概括整体的关键字。比如说，“血”“眼睛”“灯”这三个字，就都跟“红”有关。

1. 洋娃娃、所有权、精品

2. 光、金色、白天

3. 玫瑰、衣服、钱

4. 墙、基础、狮子

5. 脚、车、高

6. 桌、左、球

7. 马、浪、沙

8. 所得、退还、土地

9. 好、狩猎、种族

10. 扇、铃铛、东

解说：

1. 房子　2. 太阳　3. 花　4. 石　5. 跑

6. 脚　7. 海　8. 税　9. 人　10. 风

以上这些答案都是比较常见的。若你的答案与之相同，加一分。每想出一个与之不同、有原创性的答案加两分。最后把所有的分数加起来。如果你的得分在七分以上，代表你运用词汇的创意十足；若得分低于七分，也不用紧张，类似的游戏多玩几次就可以掌握技巧；若是得分在十分以上，就表示你已经是个创意十足的高手了。

四、创意联结训练

超强记忆的秘诀之一——联结

人类的文明，都是建立在前人的肩膀上，不断精益求精而发展的。

这道理很简单。如果我们需要更便捷的交通工具时，不需要重新再去发明脚踏车、摩托车、汽车；当我们需要照明时，也不必重新发明电灯。因为我们只要在前人的基础上再去创新、再去发明就行了。所以，很多时候，我们只要在旧的基础上联结新的东西，效率、速度就会快。

当你能够主动控制你的右脑，你就会发现，任何信息要记在头脑中，最好的方法，并不是直接把它记下来，而是联结在你已经知道的事物中，印象会最强烈、最深刻。就如同笔要放在桌上、衣服要穿在身上；眼镜要戴在脸上，要有个鼻子让它戴；手表要戴在手上，要有手腕让它戴；画要挂在墙上，要有一面墙和一个钩子让它挂。这些都是天经地义的事情。

超强记忆的秘诀之二——分类整理

当信息不断进入脑中，储存信息的空间若是没有经过规划，可能发生的状况是：这些信息就像一堆杂乱无章的货物，堆在你的大卖场。

假设我们去物美或家乐福买一包“康师傅”方便面，从走进卖场到拿到方便面，你所花的时间，大概不会超过三分钟，因为你知道，找一包方便面要先到食品区去，接着你会在方便面区找到“康师傅”这个牌子，在“康师傅”的一堆方便面里，你就会找到你喜欢的口味。所以，这整个买“康师傅”方便面的过程就是**先经大项目，依次到小项目**，然后你就能找到你要的东西。

但是，如果卖场没有货物架，没有置物柜，没有分类，所有的东西都是被卡车运送过来之后，就堆在卖场中央。而你想要在这个卖场找一包面巾纸，在这么大一堆东西里翻找，可能花十个钟头都不一定找得到。

同理，信息在脑中的存档也是必须加以规划和安排的。比如有的区域和个人琐事密切相关，那么这个区域就专记这些个人的事情。另一个区域专门记忆一些常识性的信息，那么当你要应付一些日常须知，比如台湾的经纬度、气候等，就到这个区域来寻找。甚至你还可以分出一区专门管理一些运动技能，像如何打棒球、如何打保龄球等。

这样，你的记忆经过一番整理之后，就变成一个又一个的档案柜，**在各式各样的档案柜里分门别类将信息做好管理，当你需要的时候，便可随时从中抽取**。

所以，建立资料箱，在记忆的课程中是一个必须要预先设定好的功课。当然，建立资料箱的技术也是这本书要教给你的。

如果说人类的一切进步，从我们出生开始每次都要重新归零的话，我们要很辛苦地重新去发明汽车、马车、蒸汽机、引擎、喷射机，甚至电灯泡，人类文明的车轮就无法往前滚动，当然人类文明也就会因此停止前进。我们的文明是累积的，同样的，我们的记忆也是累积的。

所以，有关建立资料箱的概念就是：我们要抓取一些已经知道的东西，把我们不知道的东西做一个有效率的联结和联想。这样的话，**在记东西的时候才能产生所谓的“往前滚动”的效果，而不只是在原地踏步**。

超强记忆的秘诀之三——简化与编码

我们要把东西记在头脑里面，并不是逐字逐句地把一大堆东西记在头脑里面，当然要经过筛选，筛选出你要的东西，再来做记忆的工作。如果全部都要记到头脑里头，是非常费力的事情，而且记的东西也未必有用。因此，在记忆之前我们一定要经过简化，简化之后再来编码——将你要记的东西跟你的脑袋做一个联结，自然就不会忘记了。

假设现在你要学一门学科，它的流程一定是：资料简化→编码记忆→运用掌握，然后才能产生你要的效果。

比如你在一个树林里面，你想要做一艘船，刚好手边也有一棵巨大的树木可以当材料，这个树木便是我们所要记忆的资料。

这棵树砍下来以后便要去除枝叶留下树干，这个过程就是简化。然后再将预备好的图形刻画在树干上，作为船只所需的零件，这个动作是编码：就是你要在这棵树上，怎样来切割、怎样来规划。裁下来的木片，组装起来便成为一艘船，这便是我们所说的记忆。然后将这艘船入水航行，测试船的性能，并熟悉水域及风浪，这便是运用。

当你在各种情况下均能驾驶这艘船时，你就有信心出海远航（掌握），航行到达原本不可能到达之地，将你的影响力扩展到各种层面，这便是力量。在这个过程里，简化是十分重要的，因为你可以不必浪费太多的时间处理那些细枝末节。为了造船，我们砍树之后，一定会把旁枝末节通通去掉，同样的，我们在接收信息时，也必须把不需要的东西一一简化。

简化、编码之后还要记忆，要把这些东西切成你要的东西，把这些原木弄成你要的形状，记忆之后才能把原木刻成的木船放到海里，去试试看能不能运用。如果运用得当，熟练了之后你就能掌握，掌握了航行的技巧，你就能去你想要去的地方，产生你想要的效果。我们整个学习的流程就是这样。

处理信息最重要的一个流程就是简化。过多庞杂的资料如果就这样一直没头没脑地记下去的话，会产生很多无谓的困扰，而且会记太多没有用的东西。所以第一个步骤，就是要把重点给抓出来。那什么是重点呢？

我曾用到一个叫作 5W1H 的工具。

所谓 5W1H 就是“Why”“What”“When”“Who”“Where”“How”。一个事情可以用六个工具把它切割开。什么人做的？做的是什么事情？事情是如何做的？什么时候去做了这件事？什么地方做的？为什么要做这个事情？

经由这六个工具把一个事件切割成六个部分，每个部分的重点用一句话来形容。这就是我们把信息进行归纳所引申出来的工具。这是一种简化。

编码则是，你要如何将简化出来的东西，创造出一个可以替代思考的物质。也就是只要想到你编出来的东西，就会想到原来它所代表的物件。这个东西就是我们之前谈过的介质。

把已经简化的东西，利用最简单的代表物体或是一个图形来代表它。比如我们讲汉朝的一些事情，汉武帝出使西域，攻打匈奴，或者汉武帝派张骞出使西域等，有很多的事件。但是这里提到的两个人物就是汉武帝和张骞，这是“Who”，你要把它抓出来。

然后是“When”：什么时间去做这件事情？接着是：为什么要出使

西域？他做什么事情？如何做这个事情？

经由这六个工具把事件切割出来之后，在每一个工具下面抓到一个图像，比如说张骞和汉武帝，你就想象一个流了五滴汗的人，用两根牙签在挖牙缝，因为在汉武帝的时候张骞出使西域，出使了两次。这个事情就变得很简单了，先想象人物，用文字简化，再用图像，形成一个深刻的记忆：一个流了五滴汗的人用两根牙签在挖牙缝。

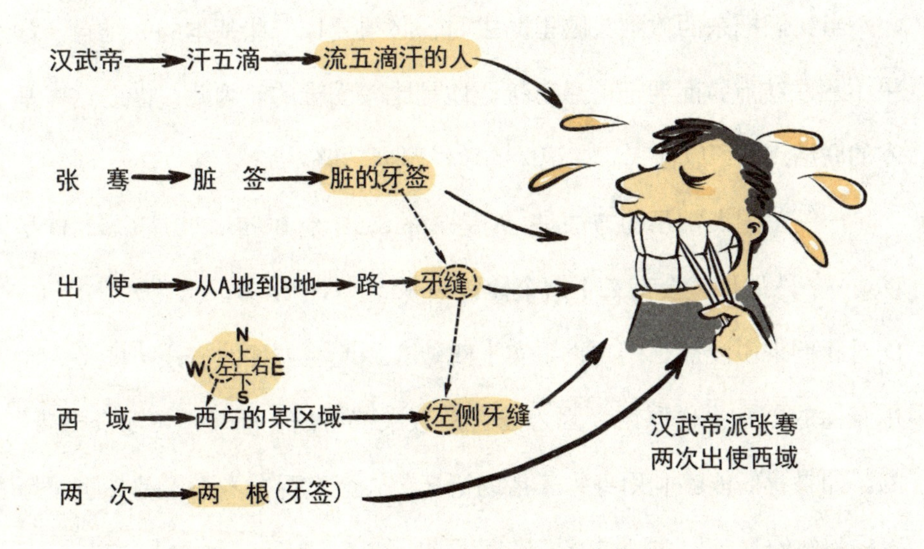

像这样，所有的资讯经过简化和编码的处理之后，再存入你的资料箱，以后你就可以根据你的需要随抽随用了。

联结的基础——联结点

我们要建立资料箱，除了不定期接收信息，也有其他一些方式可以用来储存我们的记忆。通常我们在接收信息的时候，要强化印象会有几个基本模式，比如**基本联想、身体挂钩、环境挂钩、虚拟环境**。

综合来看，比较常用的就是联想与挂钩，其实也就是借助一些记忆库来储存你的信息。

当我们把东西放到头脑里面去时，必须要找一些基本的联结点。如果不用联结点，而要把信息直接记住是比较困难的。因此，借助这些**基本的联结点**，可以让我们在记忆的时候事半功倍。

一般美国人常用的方法是：A 是 Apple，B 是 Book，C 是 Cat，D 是 Dog……然后他就会有二**十六个栓钉——二十六个字母**。当然 A、B、C、D 对我们来说没那么切身，事实上比较实用而且方便的方式可能是，利用身体的器官来作联结。因为器官是人人都有的，而且是“随身携带”的。如果我们能够利用身体来帮助记忆，你会发现全身上下都充满了可以提醒你的“点”，很多事情，你就再也不会忘记了。

怎么用身体的器官做联结呢？你要想一些办法，先给身体上的各个器官编码；编码之后，再发挥你的想象力，把这个东西“钉”上去。也就是说，在联结的过程中，我们是把东西“**锁**”在预先编好号码的器官上。这样子，你就能够利用身体上的器官来帮助记忆。

不过，这个方法说起来容易，做起来并不是想象中那么简单。身体人人都有，难就难在如何把这个“随身携带”的工具，变成一个可以让你随抽随用的资料库。所以，你还是要经过一些练习之后，掌握运用的技巧，再把它应用到实际当中去。

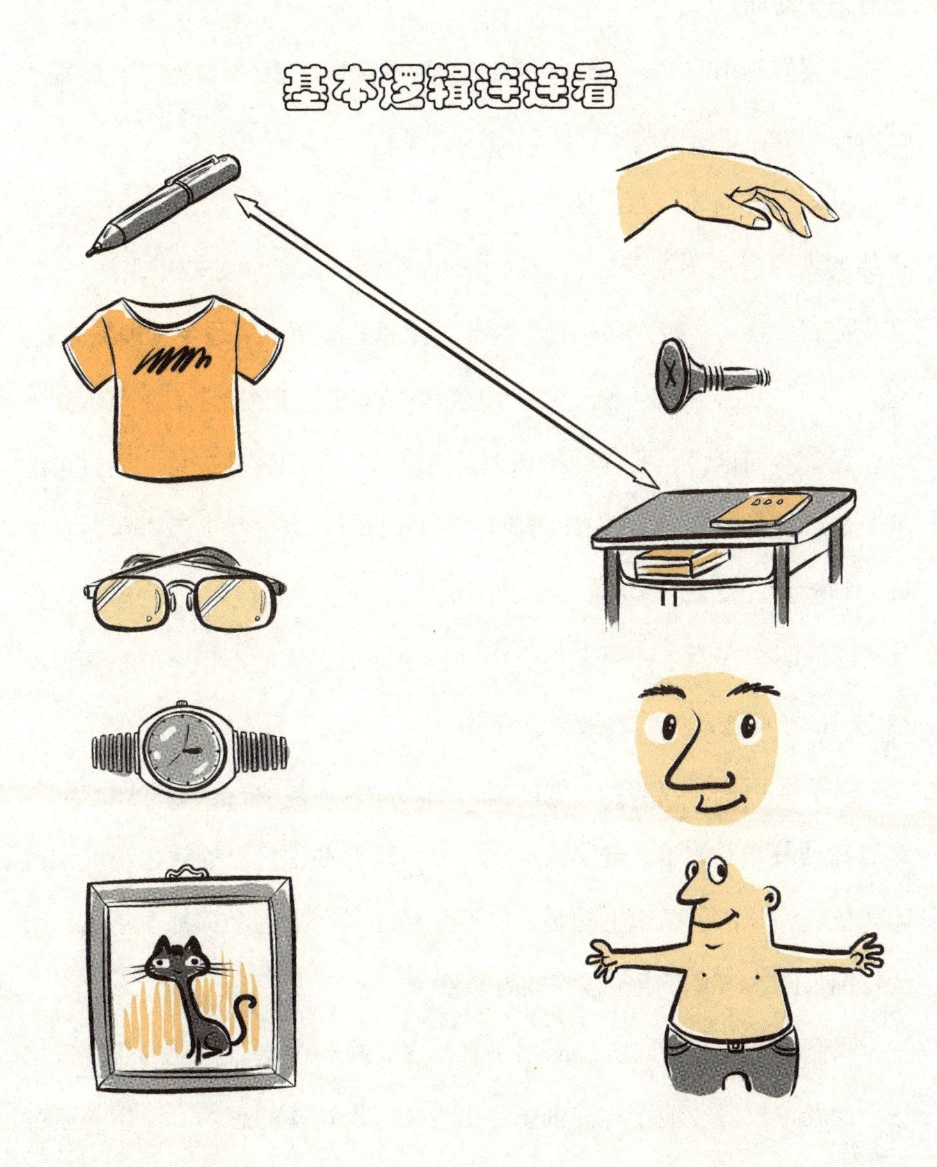

联结的关键——动词

我们在做训练的过程中，有一个很重要的概念就是：**任何的联结都要有一个动词**。

动词的作用是拿来当作“胶水”。快速记忆法里的“胶水”，就是语法上的动词，也就是两个物体之间，会发生相关性的动作。

没有经过训练的人，他只知道动作的发生、只看到动作而已，受过训练的人懂得用不同的感官把这个动作所造成的刺激抽取出来。例如，飞机撞到大厦，一般人只“看”到一个惊恐的画面，可是受过训练的人，可以“听”到撞击的声音，“闻”到烧焦的味道，触觉上也有空气中飘下来尘垢。换句话说，同样在经历或是“阅读”一则意外灾害，受过训练的人习惯性地会运用许多的“胶水”——动词，借这些动作产生各种各样的刺激，来加深对这个事件的感受。

任何两个东西，都可以用一个动词来联结，愈是不相干的东西，联结它们的动词所产生的效果会愈有趣。

以茶水和茶杯为例，一般人最常用的动词大概就是“装”跟“倒”，这当然是最普通的了，普通的动词，它所发挥在记忆上的效力也就相对比较低。因此，可以想见的是，快速记忆法里产生的动词都很特别，因为特别，你才能够产生比较深刻的印象。

我们可以练习前面讲过的水平式思考：换一个比较特别的角度来想这个问题，放射性地让你的创意自由发挥。像这样的思考，你用一般逻辑去想是没有什么意义和进展的，你一定要能够横向地去思考各种可能性，你的联结才会出色而且出人意料。

比如柠檬跟大象之间的动词，用“吃”就很无趣，用“塞”就比较好。怎么说呢？大象有两个鼻孔，用柠檬塞住，你就可以想象，大象已经累积了很多能量，鼻子里憋着很多气，随时有打喷嚏的可能，然后你就会觉得：“哇，好危险！”这样，印象就会很深刻。

又比如相扑选手和电风扇这两个东西，你可能会觉得没什么关联性。一般会用的动词大概是吹电风扇。想想看，“吹”这个动词可能会造成什么样的效果？相扑选手腰围上的那个穗穗，全部被风吹得飞扬起来，地上撒的盐巴也都飞到你的眼睛里面，你会有咸咸的感觉，然后你会“听”到在相扑选手比赛时观众发出的欢呼声。视觉上看到，听觉上听到，然后你可能还闻到相扑选手流汗的臭味，味觉也感受到吹起来的盐巴，所以用“吹”来联结是一个方法，这是比较正常的一个方法。

如果你要用更特别的方法，在短时间内产生最有效的联结，你还可以去思考其他的联结方式。比如，相扑选手腰上的那个穗穗，被电风扇给搅了进去。

“搅”这个动词，可能产生一个很滑稽的动作就是：相扑选手的裤子给搅了进去，那他的裤子可能就会被拉扯下来，相扑选手就会用手去提住要被扯掉的裤子……

这个画面大概会让你捧腹大笑，从而印象深刻。

像这样比较特别的思考方式，让物品与物品之间产生联结，就会让人在记忆的时候加深印象。这都是一些很简单的例子，只要稍作练习，就会发现其实并不困难。学会这样的联结方式，再看待你的生活，你可能还会觉得，原来身边的事物竟然变得那么有趣，这就是你发挥了创造力和想象力的结果。

联结的境界——创意

联结，在快速记忆法的运用上是非常广泛，也是非常重要的。

举例来说，我们有时候会想要在某些特别的地方藏东西，有人会把钱藏在花盆底下，把钥匙放在鞋柜里，等等，“以为”这样可以提醒自己。但最后发生的情况常常不是想象的那样，可能连藏了一大笔钱在花盆底下都没有印象。或者是你在房间的很多小角落塞了很多钱，可是最后连曾经有过这样的动作都不记得。原本想要留点私房钱或是防小偷，最后等于是自己把钱弄掉了，这样岂不是很懊恼？

为什么会这样呢？一般人的想法是：“地点愈特别，日后要记起就愈容易。”我们在前面提到一连串关于记忆的理论，也都不乏特别这个观点：一定要创造一些与众不同的效果，才有办法印象深刻。所以，你会想到把几千块的私房钱藏在花盆底下，把钥匙放在空的汤盘中。这个理论原理上是利用出人意料、出奇制胜以达到强化记忆的目的，基本上是没错的，但是你却忽略了一个很重要的东西：**联结**。

钥匙跟鞋柜，或者钥匙跟汤盘，花跟钱，这随便摆起来都是两个不相干的东西。你要让两个不相干的东西发生关系，就得利用联结。钱跟花盆之间，本身并没有任何可以让你联结、想象的介质或“胶水”，因此在思考习惯中，就无法看到花盆想起你藏的私房钱，久而久之，你自然就忽略了。当初你把钱藏在花盆底下想要记得久一点，结果反而得到相反的效果——忘得精光。所以类似这样的情形，就一定要运用联结的技巧，来强化你的记忆。比如说，可以把这盆花的花瓣都想象成钞票，或者花盆都用钞票粘起来……诸如此类，让花盆跟钱之间产生一些联结。这样，你在看到花盆的时候，就会想到：哦，好像有一笔钱藏在那儿喔。

这样就不会忘记了。

其实在我们生活中，快速记忆法都在做一些平行的联结，很多有趣的东西，联结起来可能会成为很棒的创意。

我看过胡椒罐和螺丝钉做的联结：把螺丝钉挖空，然后上面打两个洞，这个大型的螺丝装了胡椒，就变成胡椒罐。还有打火机跟开罐器可以做结合，打火机跟剪刀可以做结合。因为很多人抽雪茄，他需要剪刀来剪开雪茄，剪开雪茄之后，他还要换一个工具——打火机，于是有些人会把打火机跟剪刀结合在一起，成为一个很有卖点的商品。

学习快速记忆法会有一个“副作用”，就是**创造力会增强**。

我们在谈联结的时候曾经提到，愈是不相干的物品，它们联结的介质或是动词可能愈有趣。如果常常这样去练习，你会发现，对于生活中很多习以为常的事物，常常可以有一些巧妙的想法。这些想法通常都是非常大胆、非常出人意料的，但是它又是十分有趣的，会让你有茅塞顿开、灵光一现的快感。

如果很多时候都能够这样大胆地去思考身边的事物，过不了多久，你可能就是一个发明家了。发明家之所以能够解决许多问题，当然就是在许多看似不可能的情况之下，大胆地把各种看似不可能的东西拿来做实验。当然，这些实验和练习是要经过头脑去分析思考，才知道可不可行的。问题是，在分析思考以前，必须就具备相当高的敏锐度，去观察、去假设、去创新。

因为创造力增强之后，就会习惯性地把原本不相干的东西联结在一起，创造一个新的商品，这个新商品、新点子说不定就充满了无限的商机。当然，这也是一件很有好处的事情。从另一方面来讲，创意跟记忆其实是正向加强的两股力量：彼此之间的能量愈强，愈能加深各自能量的发展，这样一来，不管是记忆力还是创造力，对你来说都在飞速提高。

联结的基本技巧——联想

在联结的时候，我们有几个线索可以依循，来操作一些基本联想。基本联想熟练之后，你当然就可以举一反三，再去做各式各样横向的拓展和发挥。所谓基本联想指的是：**日常生活当中，我们所熟悉的一些物件，它本身就具有数量的概念**。

比如说铅笔，它的形状像 1，树的形状也像 1。

现在先不把量化的感觉说给你听，我要你去记住下面这二十件东西：第一个是树，第二个是开关，第三个是三脚架，第四个是汽车，第五个是手套，第六个是骰子，第七个是小矮人，第八个是轮滑鞋，第九个是猫，第十个是保龄球瓶，第十一个是筷子，第十二个是鸡蛋，第十三个是巫婆，第十四个是巧克力，第十五个是月亮，第十六个是石榴，第十七个是拐杖，第十八个是驾照，第十九个是灭火器，第二十个是一包烟。

哇，好多东西，一下子要记住二十个，还要按照顺序，光想想就很难，对不对？二十个东西要全部记住，如果用传统方式硬记，绝对很辛苦，而且事倍功半。所以，要寻找它们之间的逻辑关系，也就是要发挥你的基本联想。

我们一个一个来看：

第一个是树，树长得像“1”。

第二个是开关，开关一般都有“2”个选择。

第三个是三脚架，三脚架当然有“3”只脚。

第四个是汽车，汽车有“4”个轮子。

第五个是手套，手套有“5”只手指头。

第六个是骰子，骰子有“6”个面。

第七个是小矮人，《白雪公主》里有“7”个小矮人。

第八个是轮滑鞋，轮滑鞋总共有“8”个轮子。

第九个是猫，我们常讲，猫有“9”条命。

第十个是保龄球瓶，保龄球瓶一般都是有“10”个。

第十一个是筷子，一双筷子长得就像“11”。

第十二个是鸡蛋，一盒鸡蛋一般有“12”个。

第十三个是巫婆，巫婆都在“13”号、星期五出现。

第十四个是巧克力，情人节二月“14”号要送巧克力。

第十五个是月亮，阴历“15”月圆。

第十六个是石榴，石榴一听就是“16”。

第十七个是拐杖，人拄着拐杖就像“17”。

第十八个是驾照，“18”岁才能考驾照。

第十九个是灭火器，火灾要打119，念快一点就是“19”。

第二十个是一包烟，一包烟里“20”根。

二十样东西的基本联想：

经过这样的“**基本联想**”，显然你要记起这二十个东西就容易多了。因此，面对这样的事件，我们要练习的就是在记忆与物体之间建立逻辑

关系，这样，在记东西的时候，就可以借由这些提示，达到比别人更好的效果。

联结的高级技巧——身体挂钩

我们来看一下，同样这二十个东西，除了用联想的方式来唤起记忆，还能不能用其他的方式来加强。

如果想用更进阶的方式来记忆，可以试试“**身体栓钉**”，也就是“**身体挂钩**”。**基本联想**对一般人来说是比较容易想到的，但是身体挂钩就需要经过一番比较专业的训练，才能在记忆的时候得心应手。

下面，我们再对前面说到的这二十个东西，用我们所谓的身体挂钩来记忆看看。

现在，你可以把这二十个东西“挂”在你的身体上。

所谓的“身体栓钉”就是利用身体来做联结，帮助记忆。人类最熟悉的就是自己的身体，而且身体是一定不会忘记的。如果你能够把你要记的东西一一“挂”在身上，就可以用你的身体帮忙记忆。

现在，将身体分成二十个部分做联想的立足点，你要记的东西，就把它们一个一个“挂”上去。那么，以此为基础来推展，甚至可以将身体分成更多的联想立足点，这样就可以挂上更多一点的东西。

首先，第一个挂钩在你的左脚掌，第二个挂钩在你的右脚掌，第三个挂钩在你的左膝，第四个在你的右膝，第五个挂钩在你的左大腿，第六个挂钩在你的右大腿，第七个挂钩在你的屁股，第八个挂钩在你的左手手腕，第九个挂钩在你的肚脐，第十个挂钩在你的右手手腕，第十一个挂钩在你的左手手背，第十二个挂钩在你的胸前，第十三个挂钩在你的右手背，第十四个挂钩在你的左肩，第十五个挂钩在你的右肩，第十六个挂钩在你的耳朵，第十七个挂钩在你的舌头，第十八个挂钩在你的鼻子，第十九个挂钩在你的眼睛，第二十个挂钩在你的头顶。

这些立足点在设定的时候，是从下往上，由左往右，一一标为挂钩点，这就是我们所谓的设定。

设定好之后，就可以将二十个要记的东西，用五官的感觉将它锁上去。当然，联结时，能汇集到的感觉越多，代表你对这个联结的感受越强烈。

现在，我们就开始来做这些联结。

首先，我要你在你的左脚“插”上一个树木。

在你的右脚掌“粘”上一个开关。

在你的左膝“粘”上一个三脚架。

右膝“粘”上一个火柴盒小汽车。

然后在你的左大腿“夹”着一个棒球手套。

在你的右大腿“粘”一个骰子。

在你的屁股“粘”一个小矮人。

在你的左手手腕“缠绕”一只溜冰鞋。

在你的肚脐“粘”一只猫。

在你的右手手腕“绑”十个保龄球瓶。

在你的左手手背“插”一只筷子。

在你的胸前“挂”一打的蛋。

然后在你的右手手背“抱”一个小巫婆。

在你的左边肩膀上“放”一盒巧克力。

在你的右边肩膀上“放”一个月亮。

在你的耳垂上“挂”一颗石榴。

在你的舌头上“含”一个拐杖。

在你的鼻子上“粘”一张驾照。

在你的眼睛上“粘”一个灭火器。

在你的头顶上“点”一根香烟。

现在这二十个东西，与这二十个联结点的关系只是“粘”上去或“放”上去而已，还不算使用到我们快速记忆法里面常常谈到的“胶水”的动作，因为这只是把东西放上去，你没有让这个东西和立足点产生关联性。要使它们产生关联性，你必须要让每两个东西之间，夹有一个动词。

比如，你要用“刺”、用“戳”、用“拉”、用“粘”、用“烫”、用“敲”、用“顶”……随便你可以想到的任何动词，只要它是一个动词，就能代表两个物体之间有某个程度的相互关联。既然有某种程度的相互关系，它就一定能用五官来感受到这种关系所衍生出来的刺激。经由这个刺激，我们所有的感官都可以去感受，就能让我们印象深刻。

所以，我们现在就将这二十个东西，用“动词”跟你原本的立足点做联结。

第一个是树，你可以用削尖的树枝，从你的左脚脚掌，“刺”下去。于是，你会感受到你的左脚脚掌被刺开，涌出大量的血。

第二个，你把开关直接用螺丝“锁”在你右脚脚掌。当开关打开的时候，你会发现你将曾经被电到的经验拉到这里来了，你的右脚是麻的。

接下来三脚架，如何把它钉在左边的膝盖上？你把三根脚架拆下来，再用绳子将膝盖与三根脚架捆绕起来，让你左边的膝盖没办法弯曲。因为它被三个直的脚架给绑死了。

所以三脚架跟你的膝盖之间用的动词是“绑”。第二个开关跟右脚是用“锁”，用螺丝把它钉下去。

接下来汽车跟你的右膝盖如何联结？汽车撞到你的右膝盖，汽车的车灯碎掉了，“刺”在你的右膝盖上，以至于你的右膝盖粘了一些玻璃的碎片。

接下来看看手套跟你的左大腿。手套可以用来夹棒球，所以你的手套可以用来夹着你的左大腿，用“夹”这个动词。

那么骰子跟右大腿呢？骰子上面有一到六个点，所以当你将骰子用力压在你的右大腿上的时候，会产生一个瘀血的印子。好，那你把六那一面朝右大腿按十秒钟。我们使用了“按”这个动词，按不会受伤，但会留下痕迹，有用力压过的痕迹。

小矮人在你的屁股上，你一屁股把小矮人压死了。或者你放屁把小矮人熏死了。这里用到的动词是“熏”，或者“压”。

接下来，第八个挂钩在你的左手手腕，就是刚才所说的，用轮滑鞋的鞋带“缠绕”着左手的手腕。

然后你的肚脐里“躲”了一只猫。

右手“握”一只保龄球瓶。

筷子可以用“刺”的，刺进你左臂种牛痘的那个地方。

十二个鸡蛋，你把它串成一个十二颗蛋的项链，“挂”在胸前。

巫婆，跟你的右手手臂怎么做联结？巫婆都会骑扫把，你现在想象扫把在“搔”你胳肢窝的痒。

第十四个是巧克力。巧克力会融化，“融化”是动词，“融化”在你的左肩膀上。

在你的右肩膀上会有一颗月亮。月亮假设是一个下弦月，有个尖尖的刺，你把它“插”进你右边的肉里面。

接下来，你把石榴做成两个耳环，“挂”在耳朵上，或是“塞”在耳朵里面。

十七，嘴巴“含”着拐杖。

驾照，你把驾照卷起来“塞”到你的鼻孔里。

十九是灭火器，联想到消防队、消防栓，想象眼睛被消防栓“喷”出来的水给喷到了，眼睛睁不开。

头顶被香烟上的火给“烧”着了。

身体挂钩的神奇效果

好，现在我们已经通通联结完毕，你可以合上书本，直接把这二十个与五官所联结的东西讲出来。

我们来做一个测试，看看你的记忆力如何：胸前挂的是什么？鸡蛋。屁股压死的是什么？小矮人。耳垂挂的是什么？石榴。嘴巴含的是什么？拐杖。这就是所谓的身体挂钩。你可以很轻松地学到它。学会之后，原本很难记的东西，一下子就变得很简单，而且你会记得很牢。

要知道这个神奇的挂钩有多好用，你可以做一个小小的比较。

你可以自己先试着记这二十个毫无关联的东西，看看你花多长时间可以把它全部记住。可以想象的是，这一定是很难记住的。

接着，你再把它跟身体之间做联结，这样记得快一些了，也不会忘掉了，不过效果大概并不是那么明显。

现在，我们再放一个动词。咦，你会发现，好神奇！真的就轻松地记住了。

这是一个比较。我们可以再来将这个记忆的过程作一下整理。

第一个，没有任何方法给你，必须仰赖原始的记忆，你当然记不住。

第二个，给你一个记忆的路径，指示你可以怎么去做，但是不先给你记忆的技术。这样你还是不怎么好记，但是已经比之前好了。

第三个，给你一个技术。你会发现，效果不错。

第四个，经由技术的训练，你会发现跟你原本什么都没有的时候比较，很轻松就将这二十种东西记住了。

第五个步骤就有趣了。我立刻将刚才用身体记忆的这二十种东西扩展成四十种，看看你是不是也能很快反应过来。

因为刚才给你的东西，都代表了一个“量”：骰子有六个面，所以代

表六；小矮人代表七，巫婆代表十三；二月十四号情人节要送巧克力，所以巧克力代表十四；拐杖代表十七，因为人拄着拐杖就像“17”；十八岁拿到驾照，所以驾照代表十八；119 念快了就是十九；一盒烟有二十根。你可以很快地，再把原有的栓钉扩张成四十个。所以，原本记起来的这些东西，可以再用来联结别的东西，造成记忆的**倍数扩张**。同样的步骤跟方法，你在身上找四十个挂钩，再把你要记的东西一一粘在这些挂钩上，那么，你马上就发现，自己竟然能够瞬间记住这四十种东西。就像我们一开始所讲的，很多时候我们都是踩在前人的肩膀上，你也可以踩在自己的肩膀上，利用自己原本就有的记忆，不断地 copy、copy、copy，自然你的记忆就可以层层叠叠地累积上去。

这就是我们所谓的建立资料箱。

当你的记忆已经分门别类做好管理，再把这些联结一一扩张，你的资料箱所储存的就是一个容量很大的记忆库。靠着这个巨大的记忆库，就可以把身边的事情、要记或要背的一些文字和数字，都用轻松的方法记住。

联结点无所不在

在建立资料箱的时候，除了可以运用身体器官之外，我们还可以利用公车站牌、每天所行进的路线上的商店，做一些物件上的联结。

比如说你可能天天坐公交，每天从家坐车到地铁站，对中间经过的每个站名倒背如流，因为你天天都听、天天都看、天天都在经过嘛。这样一个存在于记忆库里的东西就可以拿来利用。可以用这些站名来做联结点，再根据这些联结点设计挂钩，然后你就可以把你需要记的很多不太好记的东西一个一个挂上去。

当然，这个联结的方式如果还要更进一步地谈，就要谈到联结的技巧了。联结的技巧也是熟能生巧。一开始可能会花比较多的时间去思考要如何做“联结”，要用哪些动词，可是练习到后来，就可以非常熟练了。

牛刀小试 9

对于数字，我们除了用视觉形象来记忆之外，你也可以用谐音的方式，对一到十编码。编码之后，你就可以据此设计新的挂钩，钩住你想要记的东西。

请你自己先练习看看，能不能用声音，把一到十做成钩子。然后，再用这十个钩子，钩住去旅行露营时要带的十样东西：

照相机、金属锅、玩具熊、吹风机、足球、望远镜、锤子、熨斗、太阳眼镜、鸭舌帽。

解说：

你用谐音的方式读一读，就会发现，一跟“衣”谐音，二跟“饿”谐音，三跟“山”谐音，四跟“狮”谐音，五跟“舞”谐音，六跟“流”谐音，七跟“漆”谐音，八跟“爸”谐音，九跟“酒”谐音，十跟“石”谐音。建立一到十的谐音编码之后，要记什么样的东西，只要把它们跟这十个东西“联结”，就能够很容易地想起来。

我们来看一下这十个你旅行的时候要带的东西：

照相机，带照相机做什么呢？当然是要照相。照相要照些什么呢？你可以想象是穿着漂亮的“衣”服出去玩，当然要照相留念啰。这样你的照相机就跟“衣（一）”产生联结了。

金属锅：露营当然要记得带锅子。肚子饿了要煮东西吃，就要用到锅子，所以“饿”（二）就跟金属锅联结在一起了。

玩具熊：熊住在“山”上，所以你会记得第“三”个要带的是玩具熊。

吹风机：如果头发蓬松的人没有用吹风机吹头发，可能就会乱得跟“狮”子一样，所以你就会记得吹风机是第“四”（狮）个要带的东西。

足球：踢足球的时候姿势很优美，像是在跳舞。所以第“五”个要带的东西就是足球。

望远镜：远处的溪“流”用肉眼看不清楚，用望远镜可以看得很清楚，这样子，就把“六”跟望远镜联结在一起了。

锤子：锤子锤久了，就会掉漆。所以第“七”个就是要记得带锤子。

熨斗：旅行的时候你带熨斗，可是一般都是妈妈在用熨斗，这个时候爸爸想要当个新好男人，所以他就会用熨斗去烫衣服。所以熨斗就跟“八”联结在一起了。

太阳眼镜：你可以想象一个在度假的男人，穿着泳装在沙滩上晒太阳，脸上挂着太阳眼镜，脸晒得红通通，像喝醉“酒”一样。所以第“九”个你要带的就是太阳眼镜。

鸭舌帽：鸭舌帽戴在一个阿公头上，这个阿公很固执，脑子就像“石头”一样，坚持自己的想法，出去玩的时候一定要戴着鸭舌帽，挡住他的秃头。这样鸭舌帽就跟“十”联结在一起了。

好了，这样处理过你的设定之后，你就可以回头来测验自己，是不是把旅行要带的这十个东西都记好了。

试试看，问问自己，一到十分别是什么？

你会发现，再背起这十样东西，对你来说简直是轻而易举！

五、让记忆永久保鲜

及时整理记忆

记忆要有效，当然是能够让你控制自如。也就是说，你需要它的时候，可以随时叫它出来，不需要它的时候，它也不会来烦你。

我们讲过，所谓的遗忘，并不是那些信息真的在你的脑袋里消失了，而是你没有找到它——你遗失了找到它的路径。

就像我们的图书馆里有很多的书，但是你可能并不知道图书馆有某一本书，只是因为你找不到它，就以为它不存在。记忆就跟这些放在架上的书是一样的。每个人的脑袋都是一个图书馆，你要做好资料库，分门别类把这些书上架，这样，下次你要找它的时候，才能够按照它的索书号，很快地找到它。

如果你一时想不起来，突然听到什么声音或闻到什么味道又会突然想起来，那么这些声音和味道就像是你在电脑里头突然搜寻到的索书号，于是你又能够在那个架子上找到它了。

所以，我们的记忆图书馆当然是藏书量愈多愈好，这样可以方便自己在工作上、生活中加以运用。但是，要让记忆图书馆产生最大的效果，当然还是要常常去逛它、常常去整理它。

记忆是有保存期的

我们买的任何东西都有一个保存期限。我们吃的药，药盒上会有保存期限；我们吃的食物，包装上也一定会有保存期限。这些保存期限用来提醒我们，这些食物什么时候能吃，什么时候就过期了。

过期的食物或药物当然就只能丢掉。那么过期的记忆呢?

就记忆而言，我们所要记的东西如果能够记得愈久，也就是说，如果这些记忆在头脑里的保存期限愈久，自然对我们就愈有帮助。

若是这个东西保存期限只有一两个月，那么输入的过程对我们来说就是一件没有效率的事情，因为你花了这么多的工夫把它记进去，不到一两个月就忘掉了。这样记忆的东西就没有太大的用处。

快速记忆很重要的一个部分就是，它不是经过不断地重复短期记忆所造成的印象，而是一次就形成长期记忆。在记忆输入之后，它可以在头脑里存留相当久的时间。如果加以适当的复习、重复，唤起记忆的轨迹，那么，它几乎可以永远留存在头脑里。

及时复习，记忆才能保鲜

我们说，快速记忆可以永志不忘，也就是它的保存期限较一般学习的记忆法要来得持久，但是，却不能因为它的保存期限比较长，输入之后就不去管它。

对快速记忆而言，输入之后若是不去管它，这段记忆不会消失。若是有建立资料箱的好习惯，你甚至可以发现，记忆在输入之后，原封不动地被归档在那个收纳它的“抽屉”里，静静地躺着。也就是说，这段记忆输入之后，它是不会消失的。

但是，如果你不曾去唤醒它，那么，长此以往，这段记忆就会被你遗忘。我这里要指出来的是，它并非不存在于你的脑袋中，而是你自己忽略了有这段记忆，而不能好好利用它。

所以，一段输入的记忆，不能因为它保存期限比较长，就不去复习它。**任何事情要记在头脑里面，还是得要不断地偶尔去回想它、回想它、回想它**。经由“回想它”这个轻松而简单的过程，虚拟你的动作，你可以将你原本需要花很长时间不断地重复学习、过度学习才能记起的东西，马上就能够获得一些简单的回应。

我一直强调的是，**快速记忆的优势就在于它的效率：花费时间少，而记忆的时间既久且长**。

自觉应用记忆技巧

很多作词作曲者深谙这个道理，所以在写歌的过程中，就已经充分地运用了快速记忆法的技巧。当然在运用的时候，他们自己并不清楚用了什么样的技巧，只是一种不自觉的行为。

这里又谈到了主动控制的问题。很多人不懂得主动控制自己的脑袋，因此造成很多时候，他并不知道自己正在运用一些特殊的方法做事。

所以，我们训练最主要的意义，就是让你成为一个“有意识的使用者”，把快速记忆法变成一种你可以随心使用的工具。你想要用它就能用它，不想用它，它就不会发生作用；你不会因为不经意而使用这些东西，你会是刻意地要使用它，才会将它用在所需要的地方。这样，就不是你不经意的反射动作，而是经过意识控制，自主、自动地去采取的动作。

有些人在成长的过程中确实是受过这样的熏陶。但是熏陶不等于是训练。因为他不把它当成训练，而只是被动地被熏陶。比如把这些歌词写成看得到的东西的原因，他自己也不知道。只是一种想法、一个习惯，觉得这样做可能很好。但是这个习惯如果被挑出来，再经过有效的训练，并不断地增强这个能力，同时明白了其中的原理，他就会意识到：哦，原来是这么一回事！这样，在使用这些技巧的时候会更加得心应手。

就像泰森从小在街头当混混，要是跟人家打架，他总是能打赢别人。但是他只在贫民区里称王称霸，你没有办法说他打架的技巧有多好，只能说他很会打架。如此而已。

他很会打架是从他打架的经验里头学到的，不断地练习让他知道怎么样打架才会赢。可是当他在接受拳击训练之后，他才会知道，哦，原来他现在是用了什么样的技巧，知道当他面对什么样的挑战，必须用什么样的技巧去应付。他更能知道这些技巧要怎样发挥、怎样运用，才能产生最大的效果。

事实上，有很多人已经思考过这些技术和技巧，只是不知道这些技巧的原理为何，当然就更不知道，在什么时候运用它可以发挥最大的效果。

训练的意义就在这里。经由训练，可以将这些技巧变成你的工具。经由不断地练习，渐渐你就能掌握这些东西，甚至更深入、更灵活地去使用这些技巧。

牛刀小试 10

连连看：

这里有九个点，你能不能用四条线，把这九个点一一贯穿？

请注意，在贯穿的时候，你的笔不能够离开纸面喔。

如果四条线你已经贯穿了，请再试试三条线。如果三条线也可以，请挑战自己的能耐，看能不能只用一条线贯穿。

● ● ●

● ● ●

● ● ●

提示：

四条直线：

忘掉这是一个正方形，你就会找到解答。

三条直线：

摆脱每一条穿过的直线一定要通过圆心这一盲点。

一条线：

只要忘记一切的成见，可能性多得不胜枚举。

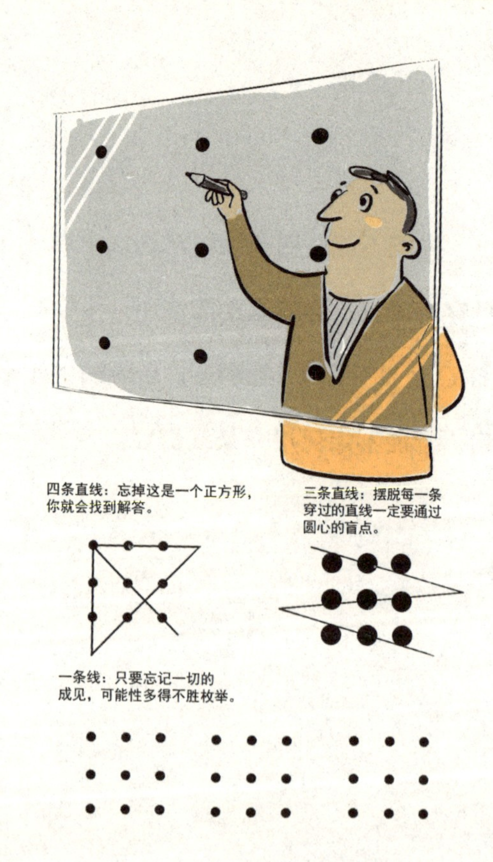

第四章
快速记忆实战应用

Super Brain

最强大脑

懂得记忆原理，接下来如何应用呢？如果你要记忆文字，试试谐音法；如果你要学英文，试试分解法……各式各样的记忆方式罗列纸上，更重要的是要靠你自己去熟悉和应用。

一、超强文字记忆法

文字记忆三阶段

通常我们会把文字记忆分为三个阶段。这三个阶段，记忆的难度有所不同，记忆的方式当然也就不一样。

第一个阶段是“**标语式的记忆**”。

我们常会在报纸上看到大字标题，或在电视上看到一些广告标语、宣传文字，这些文字都是**经过整理的**，即我们所谓的“重点式标语记忆”。比如说：“烫伤要怎么样？——冲、脱、泡、盖、送！”

比较简单的，像以前我们记的十大青年守则：“孝顺为齐家之本”“忠勇为爱国之本”，等等。这些东西，都是经过整理之后产生的一些记忆条文。这是文字记忆的第一个阶段，记的都是一些最容易记的东西。因为你只要记住文字本身，就相当于记住这些已经经过消化的精华。

第二个阶段，就是记住一些没有经过消化的文章。

没有经过消化的文章，必须经过你思考之后，才能再把重点整理出来。你能够把这个重点挑出来，再把这个重点的联结点记下来，你就能够把它讲出来。这样，原本跟你很有距离的一段文字，马上就跟你很有关系了。因为经过了你的消化、整理，它会内化成为你自己的东西。当你重新组织过后，还能够把它完整地表达出来，就完成了第二阶段，也就是完成了一般叙述文的记忆过程。

第三个阶段，是要记一些比较高深的文字，像法官、律师要用的法律条文、会计师的专业书本、公职人员的一些考试内容等，这些都是需要经过整理、理解才能记住的东西。

你一定要经过理解之后，才能够在脑中想象这些案例的实际情形。然后，再把它的重点挑出来，重点记下来以后，人家问的时候，你能把重点讲出来，而且能够把重点所包含的内容全部讲出来，那就完成第三阶段的记忆了。

从学会，到熟能生巧

一般学生在学习文字记忆技巧的时候，通常前两个阶段都能够运用得非常不错，可是到了第三个阶段，就必须靠着对训练课程有非常浓厚的兴趣，再加上强烈的决心，才能完成训练。

这就像打高尔夫球一样，我们教你打高尔夫球，当然要把你教到打得不错为止。但是要让你像职业选手那样又准又远、能一杆进洞的话，你当然需要**长期的练习**。

“会打”“能打”跟“打得很好”这三个阶段是不一样的。

我们在分析文字记忆技巧的时候也是这样，第一步要教你“**会用**”，第二步要教你“**能用**”，到了第三步，希望你能够“**用得很好**”，但要看你是不是能花时间和技巧去投入练习了。所以，“会用”“能用”“用得很好”，这是三个要达成的目标。

深入人心的广告词

我们的生活中充斥着各式各样的广告。一个成功的广告一定是朗朗上口，甚至怎么忘都忘不了的。这些广告词为什么这么深入人心？这是一个很有趣的问题。

通常，广告词一定要深入浅出、深入人心。当然，一个成功的广告不但要让你记住它的广告词，还要能够刺激你去购买，这才是一个成功的广告。这里我们先不管它刺激消费的成效好不好，单纯就记忆广告词来分析。

深入研究你会发现，有些广告的商品，其实你也不一定会去买，但是它就是深植在你的心中。那么，这些广告词——其实也就是一堆文字——究竟是发挥了什么样的力量，可以让你念念不忘呢？

首先，你可以研究出来的一点，就是这些朗朗上口的广告词，一定是**“简单、易懂、好念”，最重要的，它们基本都“押韵”**。“押韵”是文字一个非常重要的特点。比如说，学校老师都会逼迫你去背一些“很好的文章”，你去死背一定很痛苦，可是你有没有想过，很多歌词，再长你都会唱。为什么？这就是声音——或者说是押韵的力量。

歌词通常都是押韵的，所以你唱一唱就记起来了。你只要记得怎么唱，就会知道那些歌词里头有些什么。

听起来很有趣，但是事实上真的是这样。在你记忆文字的时候，让它押韵，一定比没有押韵要好记得多。再举一个背诵的例子，要你背一首诗和一篇白话文，哪个对你来说比较简单？当然是背一首诗简单。差别就在有没有押韵。

所以，一个能够朗朗上口的广告词，押韵是非常重要的一点。让它们在一遍又一遍的播放中，牢牢地“种”在你的脑子里。

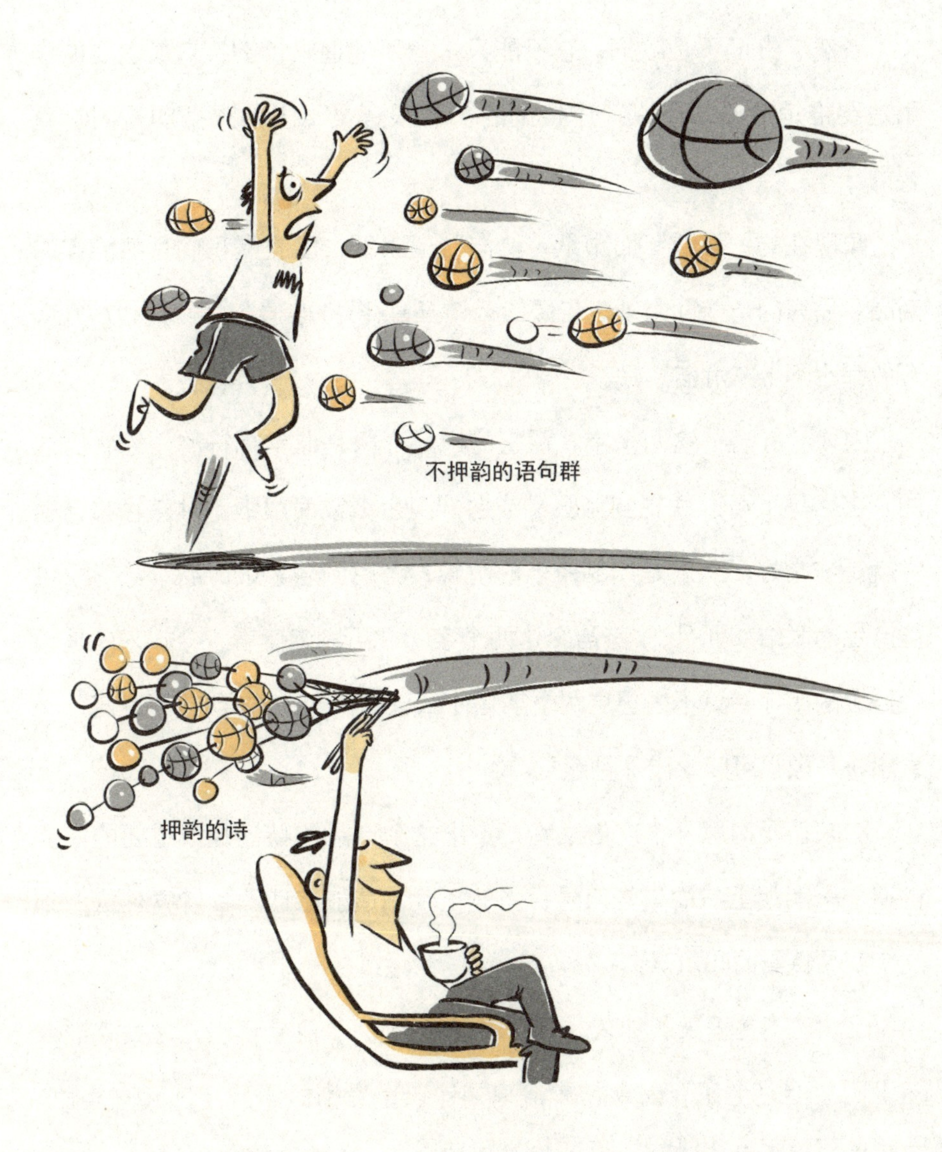
不押韵的语句群
押韵的诗

广告词的创意

当然广告词不是歌词，它不能只是盲目地追求押韵，它最主要的作用是要推销产品。所以，广告词的创意跟意义，当然跟押韵是同等重要的。

像现在的“舒洁”面巾纸“舒洁”卫生纸，已经是我们耳熟能详的商品。后来的一些面巾纸广告像什么“五月花”“柔情”，再怎么取名字，好像都比不上“舒洁”好。

因为“舒洁”这两个字，跟它的产品形象是非常相符的。你看到这两个字，马上可以联想到舒服又洁白的卫生纸或面巾纸，触感轻柔，感觉就是非常好。这就是产品命名的时候，考虑到名字跟产品本身形象可能产生的联结。而且，“舒洁”这两个字，你可以读读看，念起来就是轻轻慢慢的。你就算不去想这两个字是什么意思，光是“舒洁”“舒洁”一直念，好像也可以念出那种感觉。

所以，要构思一个广告文案，点出这个产品的特性是很重要的。要创造一个朗朗上口的广告口号，当然也要创造能够让消费者立刻认识到这个商品特点的印象。

比如“不在乎天长地久，只在乎曾经拥有”，这句话出来之后就被很多世间男女迷上了。因为它非常深刻地点出爱情的不确定感和真实性，可是它又那么贴近人心。所以很多男男女女，就算不能长相厮守，也可以拿这句话来安慰自己。后来，新的手机广告就用了这句话，但是非常聪明地把它做了一个颠覆。

因为是手机嘛，它的诉求当然就是讲愈久愈好。所以就把它改成“不在乎天长地久，只在乎能够讲多久”，这是一个非常有意思的句子。因为他讲出上半句的时候，你会先想到原来那句话，你以为它又要用那个陈腔滥调，或者是你知道它是一个广告，你会期待它变出什么花样。刚好那个广告又是说一个男的要去当兵，跟他女朋友之间分离的情形，结果下一句出来变成这个样子，广告的后面也变得非常搞笑。

当然，原来那一句，除了能够引起恋爱男女的共鸣之外，你可以发现它也是押韵的。那被改过之后的一句，除了变得很好笑，它还是维持了押韵。所以，像这样的文字，就能够让你记很久。

综合本书一开始提到的一些关于记忆的观念，加上我们提出来的记忆三阶段，你再去分析一些广告词，发现确实有些技巧可以让你将想记的文字深深地记在脑海中。

超强文字记忆原理

文字记忆的内容，一般包括几个类型：

1. 有顺序性的文字，比如一些法条。

2. 有步骤性的文字，比如一些程序或方法。

3. 同一命题内的文字，彼此之间有间接或直接的关系。

4. 诗词歌赋类的文字。

5. 白话文字。

那么在文字记忆的技巧方面，大概而言也有几种方式：

1. 直觉法。

2. 同义法。

3. 谐音法。

4. 情境法。

5. 电影情节法。

其实对文字来说，我们直接去记它、背它，一定是比较辛苦的。对记忆比较有利也比较有效的方式，其实是把它变成图像或声音。

光靠眼睛读那些文字来记忆，就是前面所说的，不懂得换挡。想要增强你的记忆，一定要训练自己用其他部分的感官来帮助记忆。

比如说有些人背书的时候会嘴巴里念念有词，一直念一直念，念出声音来。这个方式原则上来说是有效的，因为当你发出声音的时候，等于是另外开了耳朵来帮助你记忆。但是如果你在记诵的时候，没有去理解这些文字的意思，而只是无意识地一直念，那么效果恐怕是要大打折扣的。所以在处理文字记忆的时候，另一个很重要的关键问题就是：**你一定要理解它！只有头脑能够完全理解你想要记忆的文字，它才会跟你产生感应，发生关系**。

有些人在记忆的时候会用手来帮助记忆，这当然也是换挡的方式之一。这种记忆法在背英文单词的时候可能会特别有用。**因为你将一个单词的拼法多写几次，就会成为一种手部运动，不知不觉就记牢了**。当然，这个方法也不是完美无缺，因为手写英文而不同时口述的话，需要说时你可能就没办法说出来。

其他的一些方法，比如你可以把它组织成一个故事或一部电影。一段无聊又必须记诵的文字变成故事或电影情节的时候，它一定比原来那一堆没有任何加工的文字要来得有趣。

记住：**趣味永远是学习最大的动力**。

当你的学习对象变得有趣之后，你的专注力一定会提高，兴趣会加强，记东西自然也就容易了。再则，当文字变成故事或电影的时候，它是有情节、有画面、有声音的，你可以任意联想，同时开放你所有的感官来记忆。下面我们就提供几则“大补贴”，如果你能够善加利用，并且能够举一反三的话，相信你在文字记忆方面一定是无往不利的。

超强字首语记忆法

什么叫作字首语？很简单，就是你取出要背的或者要记的那些句子或是词句的第一个字，再运用一些技巧把它串成一个简单易懂、好听好记的句子或一首诗。

在英文里，常常会运用一些单词的首字母，组成一个句子。比如说，我们要记八大行星的英文，甚至我们要记这八大行星环绕太阳运行的次序，就可以利用这八大行星的英文单词首字母编成一个句子，那你只要记住这个句子，就可以帮助你记住八大行星，而且还可以依照顺序。

我们先来看一下这八大行星：由距离太阳最近的水星开始：水星 MERCURY、金星 VENUS、地球 EARTH、火星 MARS、木星 JUPITER、土星 SATURN、天王星 URANUS、海王星 NEPTUNE。

好，那你现在怎么把它们联在一起呢？试试下面这个句子：

My very educated mother just served us nachos.（我那极富教养的妈妈刚才给我们做好了玉米片。）你只要记得这个句子，就可以联想起八大行星的英文，同时，还可以依照顺序来排列。

当然你的英文必须有点基础才能够这样使用。在中文里，其实也有类似的方法。

比如说，我们现在要记二十四节气。哇，你会想，二十四个耶，好多！而且搞不好那些节气的名字听都没听过，更不用说要把它背起来了。

我们先来搞清楚这二十四节气是哪些：

立春、雨水、惊蛰、春分、清明、谷雨；

立夏、小满、芒种、夏至、小暑、大暑；

立秋、处暑、白露、秋分、寒露、霜降；

立冬、小雪、大雪、冬至、小寒、大寒。

我故意这样排，就是为了先来分析一下这二十四节气的名称。你会看到，一年四季春夏秋冬，所以这里头就有立春、立夏、立秋、立冬，还有春分、夏至、秋分、冬至。去掉这八个，你要记的就只剩下十六个。

其他的，像雨水、清明、谷雨，你可能比较难联想，不过我们常常会说“春雨”，另外“惊蛰”这个词好像有万物新生的感觉，当然也是在春天。所以在春天的系列里，你只要记雨水、惊蛰、清明、谷雨就行了。夏天系列里，像芒种，你就可以想象在夏天才有杧果吃啊，还有大暑、小暑这些，当然也是属于夏天的系统里的。

至于那些什么露、什么霜的，看了就知道是秋天。冬天就更好记了，除了立冬跟冬至之外，其他四个就分别是大雪、小雪、大寒、小寒。

所以，以后你看到有一堆文字要记的时候，先把它们列出来，仔细研究一下彼此之间的逻辑关系，并且发挥想象，让它们产生联结。像我们刚刚讲的二十四节气，可能你原本都不知道到底有哪二十四个，可是你把这些名称分析过一遍之后，你就几乎可以记住了。

当然，你还可以利用句首快速记忆法，把它编成一首七言诗。诗也很简单，你只要掌握春夏秋冬（这四个你总该知道吧？），一句一个季节，读一读的话，真的很容易就把它记住了。

春雨惊春清谷天，

夏满芒夏暑相连。

秋处白秋寒霜降，

冬雪雪冬小大寒。

当然这些字首语也不是随便凑的，要有意思你才容易联想。在使用这个方法的时候，其实运用到的原理就包含了押韵、联想，甚至是图像。比如这个二十四节气，你可以去联想四季的景观，想象它的样子，再加上这首诗的帮助，相信你一定可以背好这二十四节气。

超强诗词歌赋记忆法

一般来说，让我们背古文、古诗，都会觉得比较难。为什么呢？因为这些古诗文所使用的文法、用字，并不是我们现在一般人所常用的，而是古代的文法、用字，所以古文读起来会很困难，常常让人摸不着头脑。

我们说过，你要记住这些东西，一定要跟这些文字之间有感应。如果连看都看不懂，当然是无法把它记起来的。所以，你要先想办法知道这些文字到底在说什么。

比如《唐诗三百首》，市面上有很多翻译本，你如果要背，至少要知道它写的是什么。你找个翻译本，它翻译得虽然不一定正确，但却可以提供给你一个想象的方向，这样就可以了。

懂得意思之后，你要想办法把这首诗的意境想象出来。最好是能够画个自己看得懂的简图，到时候你只要记住这个图，就能够把整首诗都记起来了。

现在我们举个简单的例子，像李商隐的一首很美的诗《锦瑟》：

锦瑟无端五十弦，

一弦一柱思华年，

庄生晓梦迷蝴蝶；

望帝春心托杜鹃。

沧海月明珠有泪，

蓝田日暖玉生烟。

此情可待成追忆，

只是当时已惘然。

据说这是李商隐晚年的作品，诗的内容是回忆他的一生。从字面上来看，他的形象是非常具体的。我们说过流行歌曲的歌词要朗朗上口，所以都会写得让你好像看到一个画面，这首诗也是一样的。

你甚至就可以在旁边画个图，第一句，画个古琴，有个人在那边弹琴。下面你可以再画个蝴蝶，画一只鸟，或是画一朵杜鹃花，看哪一种会让你记得比较清楚。然后你画个月亮，画个海，月亮圆圆的，可是挂着几滴眼泪，画个十字的田，上面有太阳，太阳很热，还冒着烟。后面两句我们常常听到，比较熟悉，可能你读一读就记起来了。应该很多人看到这句诗的时候心里都会有共鸣吧？我们也提过，你在看到一个东西的时候，如果能够引起你的共鸣，那么你就比较容易记住它。

?!
无端
锦瑟
五十弦
一弦
年
华年
思
一柱
迷蝴蝶
晓
梦
庄生
杜娟
春
托
望帝
春心
月明
沧海
珠 有泪
日暖
蓝田
玉生烟
玉

好了，现在图上有很多东西。你看到一个人在弹琴，就会想到锦瑟，这个人五十岁了，所以是五十弦，刚好跟琴弦的数字一样多，年纪大了就会怀旧，所以说“一弦一柱思华年”。后面有蝴蝶和杜鹃，你就可以想到庄周梦蝶嘛，还有望帝和杜鹃的故事，这样两句七言诗，你又想起好几个字了。然后有海有月，有田有烟，最后就是那两个旷世名句。

总而言之，就是要发挥想象力。其实读书的时候你发挥想象力，就很容易进入作者所说的境界，这样不但背东西容易，而且你的成绩也不知不觉在提高。因为像文科，尤其是语文，考了老半天，就是希望你能够体会，如果你能够想象出作者描述的样子，当然也就可以体会那种情感。

背诗词还有一种方式，就是用唱的方式。王菲曾经唱过一首歌《但愿人长久》，歌词就是宋朝苏轼所写的《水调歌头》。所以一些诗啊词啊，你可以去找一个调子，刚好套上去可以用的，你就套上去。这样，直接背背不出来，用唱的方式保证你可以唱完。

二、超强英文单词记忆法

英文单词VS法式长棍面包

英文单词怎么记会比较有效？

我先问你一个问题：一个冰块，它是一大块的时候比较容易融化，还是敲碎之后丢到水里面比较容易融化？当然是敲碎之后比较容易融化。

因为它在水里面的接触面积会很大，当然会比一整块冰丢到水里容易融化。所以同样的，记英文单词，**你不要硬把它吃下去，吃下去一定会消化不良**。就像法式长棍面包，你一口气把它吞下去，一定会堵在喉咙里把自己噎死。

那我们应该怎么吃法式长棍面包呢？通常我们在吃法式长棍面包的时候，一定是把它切开来，再涂上你喜爱的果酱，草莓酱、奶油酱、花生酱、大蒜酱之类的，再一片一片吃下去，这样比较容易吃，也比较容易消化。

Baguette
呜……呜……呜！
咳……！！
要噎死啦！
救一命！
慢慢吃才会消化好！
学习也是一样哦！
Ba
guette

选择你喜欢的酱料

英文单词切开来记就容易得多。切开来的方法很多，如果你的创意够、单词基础够的话，你可以玩得非常灵活而且漂亮。

举一个例子来说：

terrorist

我们现在把这个单词切开来，然后“涂上酱料”，也就是依你个人意愿切开来，同时赋予你喜欢的意思，或是比较有深刻意义的记法。

我们现在把它切开来：

t，中文谐音是“踢人”的“踢”；

r，反过来像不像人？踢很多人。

or，或者。

ist，你读一读，可以想象中文里的谐音，如“缢死”。

这个单词的中文意思是恐怖分子。他会去踢人，而且去踢很多人；去把人家给掐死或者缢死。一个恐怖分子在你心中的图像是什么？面目狰狞，在到处踢人，除了踢人之外还要把人压在地上，把人家给缢死。

很显然，这样子去记一个英文单词，绝对比你当初死背这一串字母来得有趣多了，当然，也快多了。

记忆英文单词的三个层次

我们谈到英文单词记忆的时候，可以把它分成三个层次：

第一个层次，就是运用**谐音**。

所谓谐音，就是你可以用你的母语，或者原本你熟悉的语言来替代要记忆的东西。这就是我们常讲的**用已知联结未知**。每次到国外开快速记忆法的讨论会，我都发现，台湾人常用的闽南语、普通话、英语可以组合成的谐音，比外国人只有母语或英文，要多太多的选择性，也更好记。快速记忆法在西方的文字形态限制下，发展受到阻碍，到了中文世界，由于中文同音异字的特性，有了更大的发展空间。

第二个层次，也是用谐音的方式，但是它是以谐音为基础，加上英文拆字。所以我们可以简单地用**谐音 + 拆字**来表示。

第三个层次，就是**完全用拆字**，这个层次当然要求你对英文有一定的功力。当你能用你的已知来联结未知的时候，你可以记忆的词汇量就非常可观了。

还有一种英文，就是浓缩之后成为简称。像我们比较熟悉的 NASA（美国国家航空航天局）就是一个例子。

超强分解记忆法

我们面对英文的时候，最原始的处理方式当然就是用我们所熟知的语言来应对陌生的语言。这样你会发现，百分之七八十的英文单词，都可以用母语来拆解。比如一到十，一是 one，我们打麻将有“一”万两万的“万”；two，“兔”子有“两”个长耳朵；three 是“碎”的，碎成三片；four，“佛”与“四”大皆空；nine，“猫”有“九”条命“奈”何不了它。这些都很简单。还有像 pen（笔），我“骗”了你一支笔；bee（蜜蜂），看到蜜蜂要“避”开它。

我再举个例子，比如我们要记 hesitate 这个单词，它的意思是“犹豫”，那你要记的时候，就可以很多方式交叉使用。

he，他。

sit，坐。

ate，吃（过去式）。

把它们都结合起来，你可以说，“他”“坐”在那里“犹豫”，不知要“吃”什么。

这个概念是我凭空创造出来的，但是你会发现，经过一个图像式的思考，这个单词很容易就映入你的眼帘，然后你就可以产生深刻的印象。

这种记英文的方式，就是利用字母的一些联想，让你可以拼出它。你也可以说**这是一种分解法，而且是字义的分解**。

超强谐音记忆法

记英文单词，除了用分解法之外，我们一般常用的还有谐音法。谐音法，顾名思义，就是利用声音之间的一些相似度去联想。这就会用到我们讲过的水平式思考，也就是要开放你的想象力跟创造力，这样联想的东西才会既有意思又能够记得很牢。

下面是一些例子：

英文	音标	中文	谐音
beast	[bist]	野兽	遇到野兽是“必死”的
bath	[bæθ]	洗澡	他很用功，常常一边洗澡一边“背诗”
boring	[ˈborɪŋ]	无聊	打“保龄”球时一直洗沟，觉得很无聊
cheat	[tʃit]	欺骗	信息时代骗子欺骗的手法越来越“奇特”
comb	[kom]	梳理、梳子	我没“空”梳头发
bough	[baʊ]	树枝	无尾熊喜欢“抱”着树枝睡觉
bomb	[bɑm]	炸弹	他把炸弹“绑”在柱子上
bloom	[blum]	花、开花	这盆植物“不论”在什么季节都会开花
beach	[bitʃ]	海边	夏天“必去”海边游泳
barley	[ˈbɑrli]	大麦	“巴黎”不产大麦

用这种方式有一个好处，就是你可以同时记住英文单词的读音和意义。用分解法你可能只记得英文单词，不一定会念。但是如果是谐音法的话，你就可以同时记住这些了。当然，你在读英文的时候，如果要背一堆又长又难的单词，就可以将这两种情况交互使用。

其实我们学了快速记忆法，就是希望它变成你的工具，**有了这些工具，不但要能够自由使用，还要能够灵活使用，这才能把快速记忆法发挥到最高境界**。

你可以试试看，一到十是不是都能够用谐音法拼出来。

当然你在运用谐音法的时候，如果能够让它同时是一个图像的话，就更好了。

有时候你会感觉到，原来学英文也是很有趣的。因为你发挥创意把不同的东西做了联结，读书好像就没那么无聊了。

三、超强日文五十音记忆法

有人说一小时可以学会五十音，我可以教你只用十分钟就学会五十音。

我们知道日文就是五个读音分别为a、i、u、e、o的母音加上其他子音拼起来的。

所以，你要记五十音，把子音记住就好了。

你可以用谐音的方式。比如给你以下词汇：鸭脚、沙滩、拿、蛤蟆、亚拉湾，你就可以根据这些东西画一个图：有个沙滩，上面挂个牌子，写着“亚拉湾”，沙滩上有鸭子，海里有蛤蟆。

然后你去记这个图，因为比较有趣，所以印象深刻。

那么你就会背啦：鸭脚沙滩拿蛤蟆亚拉湾。换成子音就是 a、k、s、t、n、h、m、y、r、w。这样五十音你就记得差不多了。是不是很快？当然再更进一步还可以把浊音加上去，再研究一下规则。总之，你只要先记住这些子音，剩下的就很容易了。你可以自己测一下时间，记这个句子需要一小时吗？

日文五十音与罗马拼音对照表

	a	i	u	e	o
	a ア	i イ	u ウ	e エ	o オ
k	ka [kwa] カ	ki キ	ku ク	ke ケ	ko コ
s	sa サ	shi シ	su ス	se セ	so ソ
t	ta タ	ti [chi] チ	tu [tsu] ツ	te テ	to ト
n	na ナ	ni ニ	nu ヌ	ne ネ	no ノ
h	ha ハ	hi ヒ	hu [fu] フ	he ヘ	ho ホ
m	ma マ	mi ミ	mu ム	me メ	mo モ
y	ya ヤ	（i） イ	yu ユ	（e） エ	yo ヨ
r	ra ラ	ri リ	ru ル	re レ	ro ロ
w	wa ワ	（i） イ	（u） ウ	（e） エ	（o） [wo] ヲ

四、超强数字记忆法

在记忆课程里面，有好几种记忆数字的方法：有用英文的图表记忆数字，也有用中文的图表来记忆数字，也有用环境方位来记忆数字。这些方法都因人而异，每个人都有每个人不同的习惯和喜好。

中文编码练习

其实记忆数字的方法很简单，比如说46，基本上你可以想成石榴。

25像不像饿的老虎?

所以，饿的老虎吃一个石榴就是2546。

你可以把这些数字——完全没有意义的数字变成一个图像：很饿的老虎去吃一个石榴，这件事情发生在什么地点?

比如说从家里到学校，遇到一个卖移动电话的公司，有一只老虎在这个商店里面吃石榴，第二个商店是面包店，面包店你就会去记，79听起来像气球，85像“宝物”，所以7985，你就会想到把一个宝物放在气球里面。

气球里面有一个宝物，这件事情发生在面包店里，所以你把气球上的线绑在面包店门口。绑也是一个动词。这样你就会产生一个印象，就是第二个商店是面包店，面包店门口绑了一个气球，这个气球里面装了一个宝物，所以你会记得 7985。

你会发现，数字记忆是把技巧结合使用在一起，所使用的是综合技巧。当然，一开始如果不熟悉数字编码，你会碰到一个比较麻烦的问题，就是搞不清楚 46 代表什么，79 代表什么，宝物代表什么。所以，基本的联想你要去熟悉，也就是说这个路径你要经常走走，这样，你才会比较熟悉，思绪才能畅通。

英文编码练习

英文编码，也就是按照西方人的思考逻辑来记忆，比如说：3 看起来像 M，2 看起来像 N，32 是 M 开头 N 结尾的单词，MOON 啦、MAN 啦，代表的就是月亮跟男人。

再用其他的字母来作联结，比如说 1 是用 T 来代表。T 把它切成一半，横着放就是 1。0 就是用 S 来代表，0 切开来之后把上面那一块反转过来就是 S。所以 T 开头 S 结尾的单词代表 10。什么是 1 开头 0 结尾的单词呢？ Tomatoes 番茄。

番茄代表 10 这个数字，刚才讲的这个 1032——男人吃番茄，这件事情可以发生在哪个地方？事情发生的经过如何？你都可以去想象它，你会发现这个事情就会深刻地印在你的头脑里面。

数字和文字的互动

有时候，我们会有许多文字和数字交错在一起需要记忆。此时就用到了数字和文字的互动。

比如，一些销售员要记年度销售量，1990 年是 160 万，你可以想象你这一辈子唯一考第一名的时候是在 19 岁，那年你的平均分是 90 分，结果班上某个女孩子因为这个很崇拜你，给你写了 16 封情书，诸如此类的故事，那你就会记住，这一年销售量比起其他销售区域你们是成绩最好的，同时你还可以清楚记得，是 160 万。

我们可以运用类似的方法去记很多东西。比如在读历史的时候，可以东方、西方的年代相互对照，这样，你在读中国历史的时候，可以想想西方发生了什么事情。这样，你对整个文化的演进会非常熟悉，而两边一起互动不但帮助了两者的记忆，同时有助于记忆的扩充与联结。

五、超强读书应试法

整体记忆读书法

读书技巧是这样的，如果不知道在读什么，就像走迷宫一样不知道出口，迷迷糊糊走了很多冤枉路。但是，如果你做一个热气球，到上空盘旋一下，或是，你做一个小抄，对整体有个概念，再按照小抄在地面走，就很好走了。重点是，减掉了很多走冤枉路的时间。

读书要有一个整体概念。我们念书常常像走迷宫，这边念也不懂，那边念也不懂，努力半天又回到原点，这就是走冤枉路。所以，我们如果对知识有整体概念的话，对事件的相互比较、对事件的因果关系，就会比较有清楚的印象。

一个很重要的观念是：**把目录背下来**。你把目录背下来后，对整个事物的掌握度就会提高。就像我们手上抓了一捆粽子，每一条绳子代表你抓了一个粽子，要第几号粽子，你就数到那一条线，线下面就是那个粽子。这样就可以抓住所有的粽子。

对待知识，我们就是要用“一把抓”的方式将它的起源给扣住，当你把源头扣住的时候，后面的内容所包括的含意，很容易就能叙述出来，经由理解所得到的一些内容就可以脱口而出。

像老师备课那样去学习

平常上课的时候，听老师讲解后还不一定懂，有时还要跟同学讨论。其实有些东西，可以试着去讲出来。什么意思呢？比如同学可能会问你问题，那你就要把握这个机会去练习当老师，因为你要很清楚地说给同学听的话，自己一定要先消化吸收，对那个东西有很充分的了解。同时因为你要表达，所以会先在你的头脑中经过一番的整理，这样的整理，对你是非常有帮助的。

如果你有上台报告的机会，也不要放过。你会发现，比起死读课本，**不一样的学习方式可以刺激你的学习**，增强你的记忆。

记得像“小抄”一样牢

有人考试常常作弊，方法就是写小抄。我们临时抱佛脚要记一些东西的时候，也是在用一种“写小抄”的方式，不同的是小抄是写在头脑里面的。

我们要去记一些东西，如果光是用文字去记，那实在是太痛苦了。因为用文字去记，一定会有劳累的感觉，我们要想出其他的方法帮助记忆。比如我们提过的身体挂钩，你可以把考试要用的那些东西一个一个挂在你的各个器官上。我们考试当然不能带小抄，可是把要记的东西“抄”在身体上，这总是合理的吧？

六、让快速记忆改变你的人生

生活当中创意无所不在，只要善用创造力，就能增加记忆力。记忆长期使用，也会耗损，因此不但需要食补，同时还要充实你的精神食粮，增加对身边事物的关心度，快速记忆，你也办得到！

运用创意思考帮助记忆

面对生活中种种必须记忆的东西，如果你是看到而不是想到，就会有比较深刻的印象。所以之前我们举张骞出使西域的故事，用牙签、用汉堡，把它化为一个具体形象，变成能看到的东西，就会比想到的东西印象深刻。

生活当中创意无所不在，关键看你能不能经常做水平思考训练。

你看到桌上有一个橘子，一种人会说，我看到橘子；一种人说，我看到橘子树、闻到橘子叶的清香、看到它被榨成橘子汁的过程。还有另外几种想法，就是会看到橘子蛋糕、橘子糖果、橘子香水、橘子橡皮擦——擦了之后，会闻到橘子的香味；看到一个原子笔——写下的字会有橘子的香味；看到一个胡椒罐，它也是做成橘子形状的。这就是一个发散性的思考。相较于我们传统的学习方法，这样学习，效果当然会增强很多倍。因为传统的学习是一种收敛性的思考：因为a所以b，因为b所以c，因为c所以d。那都是对单一领域所作的一种深度耕耘。

现在最缺乏的，却是把每一个领域的知识作一个有效的串联。因为当你在思考一个问题的时候，你会陷入这个思考所产生的陷阱。

比如说爱因斯坦如果只沉醉于物理的世界中，不拉小提琴，相信他也不会有一些比较有创意的思考。

所以，任何道理，如果能用其他方法来诠释，比如能用舞蹈或具象的东西来作比喻的话，一定能给人很深刻的印象。我们为什么会对某些历史事件有深刻的印象？像空城计，司马懿率领军队攻打孔明所守的城池，为什么我们会对它印象深刻？因为我们在头脑里面虚拟了司马懿头脑中所想的事情。

你会觉得，他把门打开，安然自若地在城墙上焚香操琴，为什么会这样呢？是不是他已经有万全准备呢？是不是……？把自己当成诸葛亮，模拟司马懿跟孔明之间的心理较量，才能进入作者所营造的世界。

诗词歌赋能够让人印象深刻，让人很容易、很轻松地就看到作者所要形容的画面，让人看到作者所要呈现的东西，并有很深刻的印象。你要让人家看到东西、闻到东西、听到东西，利用这些技巧，才能让这些你想要让人家记住的东西被大众所接受。一个伟大的演说家，就是要把话说得能让听众看到画面，这样才能打动人心。

填补你的思考空白

你会发现纽约的地铁站，到处都是黑人的涂鸦。因为人类有填补空间的本能，没有办法忍受一片白白的墙出现在眼前而没有任何痕迹留在上面。

就像你去坐出租车一样，不可能一上车就坐在前座，上了车一定是坐在后座。你上了公交车，如果公交车上只有一个司机跟一个乘客，你不可能坐在另一个乘客的旁边，一定往空的地方去坐，去填补一个空间。

所以，我们要常常发挥创意，将思考上的空缺和空白填补起来，让你在看到一些东西后，可以很轻松地将它转化为印象比较深刻的事物。

比如我们要记的事物是风，首先你要画出风，然后你也要画一个电扇，这是一个水平创意思考。风和电扇，就是一个水平思考。

不管是哪一种，只要能把东西想出来、联结在一起，它都是一种创意的思考。

简化繁杂的信息

信息要如何简化？这是一个很有趣的课题，因为你不知道信息是有用还是没有用？我提过的“5W1H”其实是很有效的工具。就像切苹果的机器，上面有一格一格的刀片，共六片，只要用力一压，苹果核就会跑出来，果肉就会分成六块。于是你就会看到一个切割苹果的画面。

运用这个工具来处理信息，可以一次就把信息切成六份。比如我们常会填一些表格，姓名、年龄、性别、国籍……这些表格，用刚讲的那个工具套进去，就有六个角度可以切入这个人的相关信息。

后现代主义的精神就是解构之后再结构。所谓的解构，即是把它“撬开”“分化”，把原有产品打破，再组合成符合现代人需要的东西。像我们记英文单词要把它折开来记，记很多东西也是这样的。

初期将要记的东西用有创意的方法记下来，然后再横向串联你对此事的看法和判断。我们可以分成几个部分来看：

第一，接收信息，这是事件。

第二，横向比较，这是信息。

第三，认知。

第四，如何去解决？

提高兴趣，你会记得更好

人类脑细胞的结构是从中间向外扩散。我们经由实验知道，“七”是一个极限。

比如我们看见鸟从天空飞过，一只飞过的时候你会看得很清楚，两只还是很清楚，到第七只，就是你的极限了。第八只就会变成一片模糊，第九只就不用说了。所以我们会说，短期记忆，你最多只能记到七。因此你必须建立你的记忆资料箱，编好一个一个的记忆小卡片，这样就能够整理成有很多层次的记忆库。我们记事情的时候一定要有个意图。有人问为什么会遗忘？其实很简单，你对这个事情不关心就会遗忘。所以，你要克服遗忘，必须要提高对很多事情的关心度。

你要记的事情，第一个一定要是视觉看得到的目标；再则，要有工具；然后呢，要有记忆的环境。

像我们去健身房健身一样，首先一定是要有很强烈的动机，想要把身材变好；再则，就要选一个健身房，选一个适合你的运动器材；然后呢，找一个教练，他教你怎样达到你所想要的效果。最后，当然是要有热情、有激情，才能有同等的能量去进行这样的一件事情。

投入的技巧和强烈的动机这两者是相辅相成的。你技巧很高，可是没有动力，记忆的效果不会很好；当然，你只有动机没有技巧、没有能力，记忆起来会事半功倍，十分辛苦。这两者兼备的时候，你就会发现，学起来是很轻松的。

今天假使要你去记一个东西，你不知道记了有什么好处，自然就兴趣缺缺了。这就是我们讲的动机和关心度。像男生喜欢车子，车子的品牌再难记，样式再多，他都不会搞错。女生也是一样，她们喜欢的化妆品、背包，都有什么牌子她一定很清楚。

附录

一、快速记忆细说从头

源自远古的希腊城邦

快速记忆听起来似乎是一个很新鲜的名词，但事实上，它的存在已经有相当长的一段时间。

真正追溯起来，甚至早在古代的希腊，就已经有不少关于快速记忆的资料。公元前 500 年前后，希腊有一位诗人名叫西蒙尼德斯（Simonides），在他的生平记录中就曾经出现过与快速记忆关系密切的记载。

西蒙尼德斯的贡献

西蒙尼德斯常常到希腊各城邦演讲。有一次，在他演讲的时候突然发生了大地震，许多在下面听讲的宾客都活活被压死了。这些宾客的亲戚、朋友很难过，当然他们都希望能寻到亲人的遗骸，可是地震过后，整个建筑倒塌，现场满目疮痍，这些宾客的尸体自然全部被压得面目全非。

西蒙尼德斯在地震中逃过一劫，震后，他利用自己的记忆，帮助辨认尸体，做出了很大的贡献。

他的方法就是利用演讲时跟听众的互动，记住了他们的座位。借着这些座位关系，他可以回想起坐在各个位子上的人是谁，因此能够帮助家属辨认尸体。

这是快速记忆法最早的记载。其后，快速记忆法不断被研究，一直发展到现在。

运用想象的地点事件法

这次经验，让西蒙尼德斯有了灵感：记东西是用想象去记的。之后，西蒙尼德斯依此扩充了一套记忆方法。比如说，他会先想象一栋十分熟悉的房子，再去想象这栋房子的哪个地方应该摆放些什么，同时找出关联帮助记忆。这样一来，当你开始回想时，就想象你要走进这栋房子，先从大门进去，到达客厅，接着一路走进去，就可以把你印象中配置在每个地方的东西一一想出来。

这一套方式被称为地点事件法。如果想按照一定的顺序记住一系列的项目时，可以使用这种方法。

后来，在希腊的祭祀或者贵族的会议上，很多人把这种记忆方法用在彰显自己对国事的掌握度及熟悉度上，以展现学识。渐渐的，快速记忆法变成了一种表演性的东西。

快速记忆法的代表人物

快速记忆法被发现之后，一些人开始对它产生兴趣。从古代到如今，研究者不知凡几。

十六世纪时，传教士利玛窦（Matteo Ricci，1552—1610）还将快速记忆法传到了中国。

在这门学科的发展中，愈来愈多的人投入大量精神致力于快速记忆法的开发，各式各样与快速记忆法有关的书籍问世。德国的艾宾浩斯（Hermann Ebbinghaus，1850—1909）画出了“遗忘曲线（Forgetting curve）”，苏联的鲁利亚（Alexander Romanovich Luria，1902—1977）出版了最早的记忆原理书籍，英国的东尼·博赞（Tony Buzan，1942—），则发明了“思维导图（Mind Map）”。所谓的“遗忘曲线”是指，对于大部分你已经学过的东西，几天之后一大半就会被遗忘，此后，遗忘的速度就会慢下来，而且，遗忘的数量也会渐渐变少。

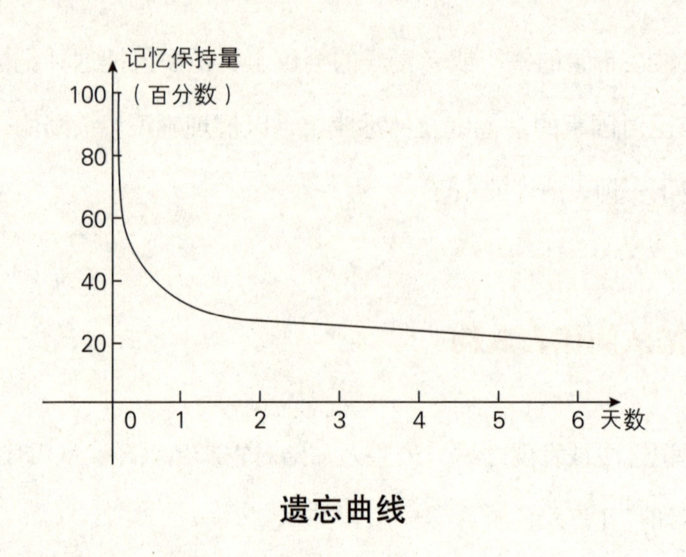

遗忘曲线

快速记忆法的商业化

在快速记忆法商业化的代表人物中，比较有名的是日本的七田真（1929—2009）、英国的东尼·博赞。他们把快速记忆法真正变成一套教材用来讲课和出售，也就是把它商业行为化了。

但是快速记忆法是一种技术，不是一种知识，所以用教材来训练的效果往往没有讲师带领来得快速而有效。如同学习各种乐器——钢琴、小提琴等，练习各种运动——打篮球、打乒乓球、游泳等，都需要教练从旁指导，才能学得好，而非看书自学可以学成的。正是因为认识到这一点，我在1999年创立了台湾第一家快速记忆学校。

二、补充你的记忆维生素

食补与运动

增强记忆力必需品	具体内容	功效
胆碱、卵磷脂	大多数的肉、大豆	强化记忆力
维生素 B_{12}	奶制品、鱼、肉	减少记忆力和注意力损害
维生素 B_1	麦芽、绿色蔬菜、瘦肉	改善记忆力
维生素 B_6	啤酒、香蕉、花生、禽类	强化注意力
维生素 B_3	鱼、啤酒、豆类、花生、禽类	增强注意力
维生素 C	柑橘、番茄、甘蓝、青椒	降低压力、提高注意力
钙	绿叶蔬菜、奶制品	减少记忆力损害
身体运动	跑步、慢跑、散步、游泳	降低压力、增进脑部供氧进而增强记忆力及注意力
松弛运动	深呼吸	降低压力

精神食粮

增强记忆力的方法之一，就是要对身边的事情始终保持兴趣。如果你常看电影，你可能会从里面记住不少经典名句，不但顺便学英文，还可以记一些句子，在写作文的时候用上去。

像我看过的电影《城市乡巴佬》，有一个牛仔说："人生当中只要做好一件事情就够了。"电影《第一滴血》的主角兰博也说过："我爱我的国家，我希望国家也同样爱我。"《阿甘正传》也有经典名句："人生就像一盒巧克力，你不知道你要尝到的会是什么滋味。"

这些句子一方面可以锻炼你的记忆，一方面可以让人增加"已知"，去联结更多的"未知"。

另外，你要多和别人交谈，言不及义地聊天。尤其是找一些反应快的朋友，一来一往之间就可以刺激你的脑部运作。同时，你也要让自己处于一种精神饥饿的状态，就像上厕所，那实在是很无聊的一段时间，这个时候不管再无聊的书拿给你，你一定都可以把它读下去。

记忆一定是越练越灵敏的，所以平常的所见所闻都可以拿来好好训练自己。长期下来，这些"联结""挂钩""换挡"都变成反射动作，同时大脑也会自动地过滤不必要的信息，一方面可以减轻大脑的负担，一方面可以把空间让出来，以便去记更多有用的事情。如果大脑可以应用到这一步，可以说，你已经把它的功能用到极致了。

后记

这本书，对快速记忆已有概括性的描述。有心学好快速记忆法的读者，只要跟着书里的内容，一步一个脚印地去做，一定有意料不到的神奇效果。尤其是“牛刀小试”部分，一定要认真练习，熟悉这一套思维逻辑，久而久之，在面对记忆上的困境时，一定都能迎刃而解。如果有特别复杂的东西要记，或有大量记忆的需求，希望各位读者关注我即将出版的几本专项记忆训练的新书，书中会讲解一些高难度的记忆方法，那就是另一个记忆的层次了。

试听课程兑换券
SPEED MEMORY
欢迎上网参观，网络预约各城市的试听课程：
www.speedmemory.cn
青少年亲子班
90分钟基础课程咨询学习，欢迎亲子同行。
若报名进阶课程，另享其他优惠，请上网查询。
免付费专线：400-8071719
71快速记忆训练